**Miriam Paffen**

# Klimaklassifikation im Überblick

GRIN Verlag

**Bibliografische Information der Deutschen Nationalbibliothek:**

Die Deutsche Bibliothek verzeichnet diese Publikation in der Deutschen Nationalbibliografie; detaillierte bibliografische Daten sind im Internet über http://dnb.d-nb.de/ abrufbar.



**Impressum:**


Druck und Bindung: Books on Demand GmbH, Norderstedt Germany
ISBN: 978-3-640-32008-0

**Dieses Buch bei GRIN:**

http://www.grin.com/de/e-book/113382/klimaklassifikation-im-ueberblick

**Rheinisch-Westfälische**
**Technische Hochschule Aachen**

**Geographisches Institut**

| **Seminar:** | **Physische Geographie** |
|---|---|
| **Thema der Hausarbeit:** | **Klimaklassifikation** |
| **Semester:** | **WiSe 2004/2005** |

**Autor:** **Miriam Paffen**

**Inhaltsverzeichnis** 2

**Abbildungsverzeichnis** 4

**Tabellenverzeichnis** 6

**1 Einleitung** 7

**2 Die Klimaklassifikation** 8

2.1 Allgemein 8

2.2 Die Anfänge der Klimaklassifikation 9

2.3 Genetisch - dynamische Klimaklassifikation 10

2.3.1 Genetisch - dynamische Klimaklassifikation nach H. Flohn 14

2.3.2 Genetisch - dynamische Klimaklassifikation nach E. Kupfer 16

2.3.3 Genetisch - dynamische Klimaklassifikation nach W.H. Terjung und S.S.F. Louie 18

2.4 Effektive Klimaklassifikation 20

2.4.1 Effektive Klimaklassifikation nach W. Köppen 22

2.4.2 Effektive Klimaklassifikation nach C. Troll / K.H. Paffen 29

2.4.3 Effektive Klimaklassifikation nach A. Penck 36

2.5 Ökologische Klimaklassifikation 39

2.5.1 Ökologische Klimaklassifikation nach W. Lauer / P. Frankenberg 39

2.5.2 Ein didaktisch begründeter Klassifikationsversuch, das Baukastensystem von A. Siegmund / P. Frankenberg 44

2.6 Vorteile, Nachteile, Verwendungen 47

**Literaturverzeichnis** **49**

**Anhang** **51**

A.1 Begriffsbestimmung 51

A.2 Klimasystem 52

A.3 Allgemeine Klimatypen 53

**Abbildungsverzeichnis**

Abbildung 1:
Gliederung der Erdoberfläche In Klimaprovinzen nach A. Supan 1884,
Hupfer, Peter (1991): Klimasystem der Erde, Diagnosen, Modellierung,
Schwankungen und Wirkungen, S. 222 10

Abbildung 2:
Die unterschiedliche Erwärmung,
Haber, Heinz (1971): Unser Wetter,S. 29 11

Abbildung 3:
Hypothetische Luftströmung bei stehender, nichtgekippter Erde,
Blij, H.J. / Muller, P.O. (1996):
Physical Geography of the Global Environment 12

Abbildung 4:
Hypothetische Luftströmung bei sich drehender, nichtgekippter Erde,
Blij, H.J. / Muller, P.O. (1996):
Physical Geography of the Global Environment 12

Abbildung 5:
Aufstieg und Abfall der Luftmassen
Briggs, D. / Smithson, P. (1994): Fundamentals of Physical Geography 13

Abbildung 6:
Die genetische Klimaklassifikation nach Flohn auf der
hypothetischen Klimarübe
http://www.geographie.uni-muenchen.de 15

Abbildung 7:
Räumliche Verteilung der Klassen der genetischen
Klimaklassifikation nach H. Flohn, Liljequist, G.H. / Cehak, K. (1990):
Allgemeine Meteorologie 17

Abbildung 8:

Energie-Input-Output-Klimate der Erde nach W.H. Terjung
und S.S.F. Louie in vereinfachter Fassung,
Hupfer, Peter (1991): Klimasystem der Erde, S.263 20

Abbildung 9:

Rübe mit der Verteilung der Köppen´schen Klimazonen,
Blij, H.J. / Muller, P.O. (1996):
Physical Geography of the Global Environment 27

Abbildung 10:

Vegetationsorientierte Klimate der Erde nach W. Köppen 1936
in der Neukartierung von R. Geiger 1961, Hupfer, Peter (1991):
Klimasystem der Erde, S. 228 28

Abbildung 11:

Klimatische Vegetationszonen nach Troll 1948, Zienert, Adolf (1981):
Eindeutige Bezeichnung für Klimazonen. S.86 29

Abbildung 12:

Klimazonen der Erde Troll / Paffen 1964, Lauer, Wilhelm (1993):
Das geographische Seminar, Klimatologie, S. 196/197 32

Abbildung 13:

Klimatische Bereiche der Erde auf Basis der Klassifikation von Penck,
Lauer, Wilhelm (1993): Das geographische Seminar, S. 199 38

Abbildung 14:

Diagramm der theoretischen täglichen Sonnenscheindauer,
Lauer, Wilhelm (1993): Das geographische Seminar, S. 202 40

Abbildung15:

Westseitenklima, http://www.supplement.de/geographie 55

Abbildung 16:
Ostseitenklima, http://www.supplement.de/geographie 55

**Tabellenverzeichnis**

Tabelle 1:
Troll / Paffen Klimaklassifikation, http:// klimadiagramme.de 33

Tabelle2:
Vergleich einiger Klimaklassifikationen,
Schönwiese, Christian – Dietrich (2002): Klimatologie, S. 240 39

Tabelle 3:
Klimazonen und Klimatypen nach Lauer / Frankenberg
http://www.payer.de/entwicklung 43

Tabelle 4:
Klimazonen, Siegmund, Alexander / Frankenberg, Peter (1999):
Klimatypen der Erde, S. 498 47

Tabelle 5:
eigener Entwurf 48

## 1 Einleitung

Klima! Ein Begriff, der die Menschen schon immer bewegt, interessiert und auch fasziniert, weil das gesamte Leben auf der Welt mehr als abhängig von ihm ist.
Die Klima-Thematik im Allgemeinen steht besonders heutzutage, mehr denn je, im öffentlichen Interesse.

Begriffe, wie Klimaschwankung, Klimaveränderung, Klimaentwicklung, Klimaproblem etc. sind in aller Munde und ein jeder hat dies schon in gewisser Art und Weise am eigenen Leibe gespürt. Gerade seit den letzten Jahren sind Wetterphänomene wie z.B. El Nino, vermehrt aufkommende Stürme und Hurrikans, Überschwemmungen und Unwetter beinahe täglicher Bestandteil der Berichterstattung der weltweiten Medien. Auch Politiker fast aller Länder treffen sich zu Kongressen, die sich um das globale Klima drehen und bei denen über die Situation, die weitere Entwicklung und mögliche Klimaschutzmaßnahmen diskutiert wird. Der Mensch hat durch, z.B. Abholzung der Regenwälder, Verstädterung, Ausstoß von CO2, Eingriffe in den Wasserhaushalt und andere ‚Umweltzerstörende Maßnahmen', aber auch durch Land- und Forstwirtschaft etc., großen Einfluss auf das Klima und somit auch auf die Klimazonen genommen. Trockengrenzen und Wüsten denen sich beispielsweise langsam aber stetig aus.

Klimageographische Forschung und deren Klassifikation wird bereits seit dem Altertum betrieben und hat zum Verständnis der Entstehung der verschiedenen Klimate auf der Erde gedient. Darüber hinaus dient sie heute vor allem auch als Grundlage für zahlreiche natur- und kulturräumliche Fragestellungen.
Aber erst im vorigen Jahrhundert hat man damit begonnen, klimatologische Erscheinungen wie Temperatur, Niederschlag, Winde und Wolken systematisch zu messen und aufzuzeichnen, womit eine genauere Definition von Wetter, Witterung und Klima erst möglich wurde.

Die Lehre vom Klima und dessen räumlicher und zeitlicher Veränderung ist Forschungsobjekt von vielen wissenschaftlichen Fachbereichen, die es somit, gerade heute, im Zeitalter des technischen Fortschritts und immer besseren Entwicklung von

Erkundungs- und Rechentechnik, zu einem immer aktuelleren und exakterem Forschungsgebiet werden lässt.

Viele der Klassifikationsentwürfe sind, obwohl sie, nach wie vor, wichtige Grundlage bleiben, natürlich nicht nur allein durch Klimaveränderungen, sondern einfach aus wissenschaftlicher Sicht zum Teil überholt, da sie teilweise nicht objektiv nachvollziehbar sind und/oder auf veraltendem Datenmaterial basieren. Fachdidaktische Aspekte sind weitestgehend vernachlässigt oder haben nur sekundäre Bedeutung.

Im weiteren Verlauf möchte ich allgemeine klimatische Begriffe klären, eine Übersicht über die Klimaklassifikation im Allgemeinen und im Speziellen geben und die wichtigsten und bekanntesten älteren und neueren globalen Klimaklassifikationen vorstellen.

# 2 Klimaklassifikation

## 2.1 Allgemein

Zunächst einmal bedeutet Klimaklassifikation, eine Einordnung verschiedener örtlicher Einzelklimate nach einem bestimmten Ordnungssystem auf der Oberfläche der Erde. Dazu müssen die charakteristischen geographischen Unterschiede des Klimas typisiert werden. Als Typisierungsgrundlage für die verschiedenen Einzelklimate werden auf die im Anhang beschriebenen Klimaelemente und Klimafaktoren zurückgegriffen.

Die so entwickelten Klimatypen werden mit Hilfe kartographischer Darstellungsmittel in Form von Klimagebieten, Klimagürtel, Klimazonen, etc. veranschaulicht.
Man muss sich jedoch immer vor Augen halten, dass eine Grenzziehung im eigentlichen Sinne immer falsch ist, da es keine festen Grenzen, sondern höchstens Übergangsbereiche, zwischen den, auf der Erde vorhandenen Klimaten gibt.
Mit Berücksichtigung auf die Übersichtlichkeit sollte bei globalen Klimaklassifikationen laut M. Hendl auch nicht mehr als 25 Klimatypen erfasst

werden. Ebenfalls sollten sie selbstverständlich objektiv nachvollziehbar, gut begründet und eine klare Unterscheidung der Klimazonen aufweisen.

Bis zum heutigen Tage wurden, besonders im 19. und 20. Jahrhundert, zahlreiche Klimaklassifikationen verfasst. Dabei wurden oft, geleitet durch fachspezifische Anliegen, sehr unterschiedliche Ansätze und Vorgehensweisen benutzt.

Die heutigen Klimaklassifikationen lassen sich grob in vier Arten unterteilen:

- **Genetisch - Dynamische Klimaklassifikation**
- **Effektive Klimaklassifikation**
- **Ökologische Klimaklassifikation, und**
- **Deskriptive Klimaklassifikation**

Die rein deskriptiven Klimaklassifikationen lasse ich im weiteren Verlauf außer Acht, denn sie beruhen ausschließlich auf den Klimaelementen Temperatur und Niederschlag im Jahres- und Tagesverlauf. Hierbei gibt es keine sinnvollen Abgrenzungen der einzelnen Regionen, da diese eher willkürlich vorgenommen werden. Allerdings treten deskriptive Klimaklassifikationen oft als Mischform zusammen mit der effektiven Klimaklassifikation auf.

## 2.2 Die Anfänge der Klimaklassifikation

Die ersten Versuche eine klimatische Gliederung der Erdoberfläche aufzustellen machte A. Supan im Jahre 1884.
Dabei grenzte er, nach klimatischen Merkmalen, eher gefühlsmäßig, meist ohne quantitative Benennung benachbarte Erdräume voneinander ab, die er Klimaprovinzen nannte (Abb. 1). Diese Klimaprovinzen (z.B. 2.1. Westeuropäische Provinz, vgl. Abb. 1) existierten auf der Erde somit nur einmal. Daher bot dieser Klassifikationsversuch keine Möglichkeiten „Gemeinsamkeiten im Klima weit voneinander entfernter Erdräume aufzudecken und dadurch die Existenz klimatischer

Typen und deren gesetzmäßige räumliche Anordnung auf der Erdoberfläche zu erkennen." (Hupfer, 1991, S. 223)

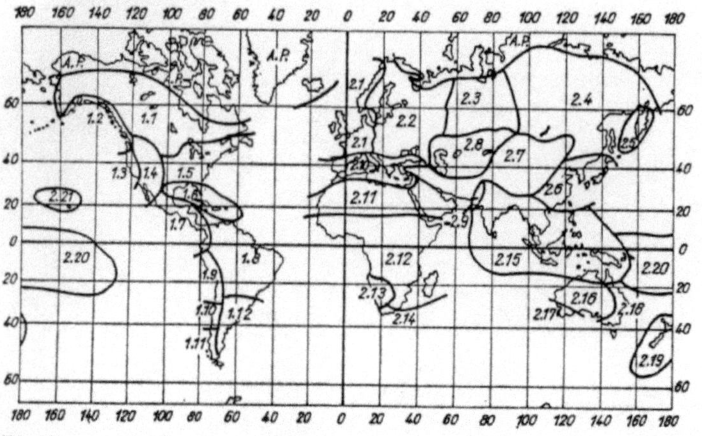

Abbildung 1: Gliederung der Erdoberfläche in Klimaprovinzen nach A. Supan 1884, Hupfer, 1991, S. 222

## 2.3 Genetisch - dynamische Klimaklassifikation

Die genetische Klimaeinteilung, die als wesentlichen Bestandteil die dynamischen Vorgänge (die zu den Klimaten führen, z.B. planetarische Zirkulation) umfasst, geht von der Entstehung (Genese = Entstehung) der Klimate aus.
Genetisch – dynamische Klimaklassifikationen beziehen sich somit auf die beiden klimagenetischen Hauptfaktoren, den Strahlungs- und Wärmehaushalt der Erdoberfläche und die atmosphärisch – ozeanische Zirkulation (dreidimensionales Windfeld) oder atmosphärische Luftmassencharakteristika. Hauptproblem dieser Klassifikation ist die kartographische Abgrenzung.
Die Grundlage der genetisch – dynamischen Klassifikation ist besonders das Verständnis der allgemeinen atmosphärischen Zirkulation.

Atmosphärische Zirkulation

„Der ständig wiederkehrende Ablauf weltweiter Austauschvorgänge in der Lufthülle der Erde. Dieser mittlere Zirkulationsmechanismus wird durch die erdgeometrisch bedingte, unterschiedliche Zufuhr von Strahlungsenergie in Gang gehalten. Er führt zu einem weltweiten horizontalen und vertikalen Austausch von Luftmassen in der Troposphäre und zu einem Ausgleich der Bewegungsenergien." (Leser, 2001, S. 26)

Auf Grund der oben genannten „erdgeometrisch bedingten, unterschiedlichen Zufuhr von Strahlungsenergie" (vgl. Abb. 2) ist die Strahlungsbilanz am Äquator positiv und eine Temperaturerhöhung die Folge. An den beiden Polen ist die Strahlungsbilanz hingegen negativ und somit ist die Abkühlung der Luft und des Bodens groß. Diese Temperaturdifferenzen sind die Grundlage für die globale Zirkulation der Atmosphäre.

Durch die Erwärmung im Äquatorialgebiet steigt dort die warme Luft auf, womit der Luftdruck dementsprechend fällt. Dieses thermische Tiefdruckgebiet wird als Äquatoriale Tiefdruckrinne oder auch Innertropische Konvergenzzone (ITC) (Boden- und Luftströmung) bezeichnet. Am Pol sinkt die kältere Luft nach unten. Hier entsteht das so genannte Polarhochgebiet.

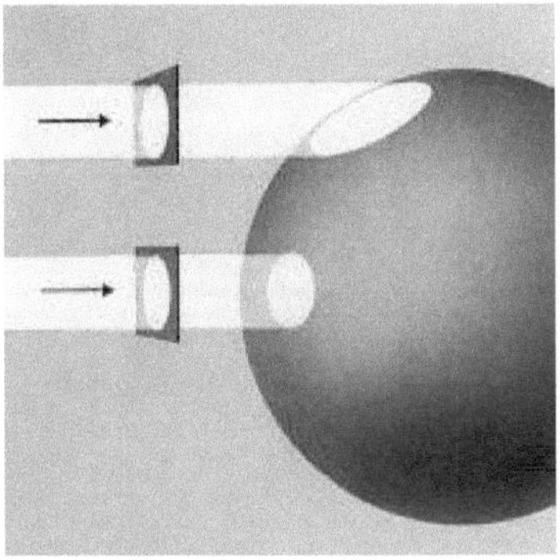

Abbildung 2: Die unterschiedlich Erwärmung, hervorgerufen durch ein Sonnenstrahlbündel gleichen Querschnitts am Äquator und in der Arktis, erklärt sich aus der Erdkrümmung: die Energie des Strahlenbündels muss in der Arktis eine viel größere Fläche versorgen, Haber, 1971, S. 29

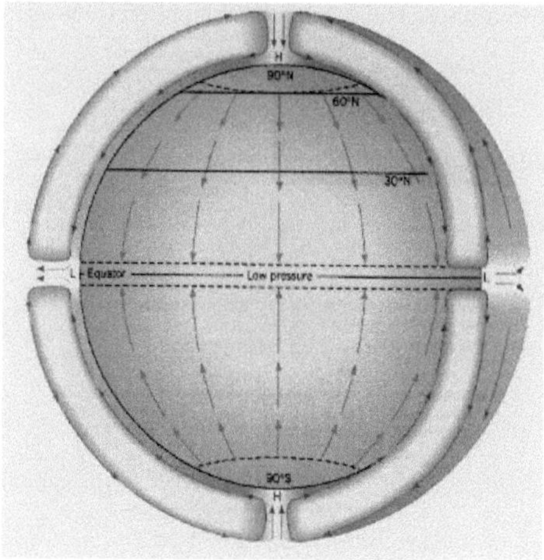


Abbildung 3: Hypothetische Luftströmung bei einer stehenden nichtgekippter Erde, Blij, 1996

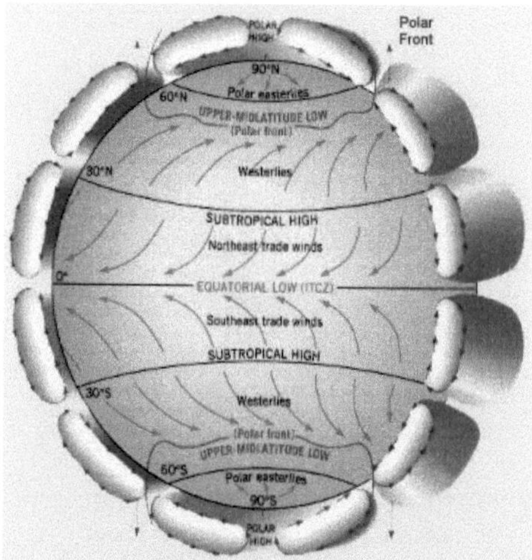


Abbildung 4: Hypothetische Luftströmung bei sich drehender nichtgekippter Erde, Blij, 1996

Auf Grund der, bisher außer Acht gelassenen, Rotationsbewegung der Erde und der sich daraus entwickelnden Coriolis - Kraft existieren weitere Zirkulationssysteme. Die Coriolis – Beschleunigung bewirkt auf der Nordhalbkugel eine Rechtsablenkung der

Luftmassen, auf der Südhalbkugel hingegen eine Linksablenkung. Dies hat zur Folge, dass auf der Nordhalbkugel der Wind um Hochdruckgebiete sich im Uhrzeigersinn, um Tiefdruckgebiete gegen den Uhrzeigersinn dreht (auf der Südhalbkugel umgekehrt).

Zwischen 30°N und 30°S bildet sich die Passatzirkulation aus. Am Boden weht dort der Nordost- bzw. Südostpassat (ohne Erdrotation käme er auf der Nordhalbkugel von Norden) und in der Höhe ein starker Westwind, aus dem sich bei etwa 30° der so genannte Subtropen-Jetstream entwickelt.

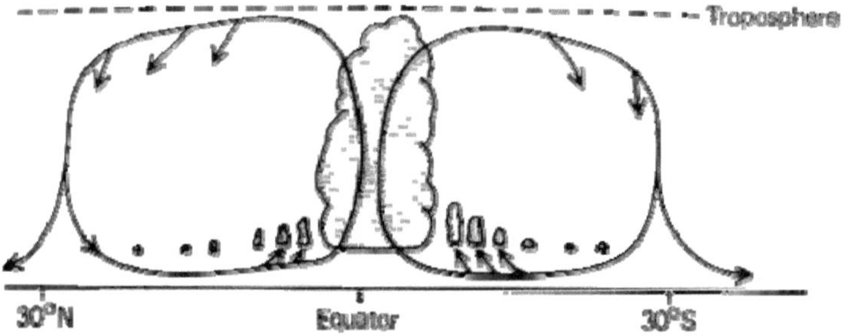


Abbildung 5: Aufstieg und Abfall der Luftmassen an der Stelle stärkster Einstrahlung von der Seite: die Hadley-Zelle, Briggs, 1994

Unter dem Subtropen-Jetstream befindet sich der subtropische Hochdruckgürtel. In Richtung des Äquators strömen aus diesen Hochdruckgebieten die Passatwinde und polwärts die außertropischen Westwinde. Die Westwinde transportieren Hoch- und Tiefdruckgebieten (Antizyklonen und Zyklonen) nach Osten. Diese Westwindzone wird als planetarische Frontalzone bezeichnet. Polwärts dieser Zone schließt sich die subpolare Tiefdruckrinne an. Dort konvergieren die Westwinde mit den polaren Ostwinden, die von den Polen kommen. Über der Polarfront in der Höhe weht der Polarfront-Jetstream. Dieser bildet Schlingen (Mäander), welche die Verursacher der Zyklonen und Antizyklonen in der Westwindzone sind.
Die Ausprägung und Stärke der atmosphärischen Zirkulation wird noch durch andere Faktoren geprägt. So entwickelt sich beispielsweise aus der Passatzirkulation die Monsunzirkulation durch die unterschiedliche Lage und Erwärmung von Land und Meer (vor allem in Indien). Auch gibt es auf der Südhalbkugel, auf Grund weniger

Landmassen, die im Weg stehen, eine erheblich ausgeprägtere Westwinddrift in der planetarischen Frontalzone.

### 2.3.1 Genetisch - dynamische Klimaklassifikation nach Flohn

Die, laut zahlreichen anerkannten Wissenschaftlern, wohl bekannteste aller genetisch – dynamischen Klimaklassifikationen ist die, im Jahre 1950 aufgestellte, „semi" – genetische Gliederung der Klimate der Erde von Hermann Flohn. Sie war einer der „... beiden konsequent nach genetischen Gesichtspunkten aufgebauten Klimaklassifikationen". ersten (neben Alisov, Anm. des Verfassers) (Hupfer, 1991, S. 255)

Diese beruht auf das allgemeine Zirkulationssystem und dem dreidimensionalen Windfeld der Erde; auch im besonderem Maße auf das jahreszeitliche Alternieren von diesem gesehen. Dabei wurde von Flohn, auch nicht die, je nach Erdhalbkugel, unterschiedliche Land- Meerverteilung, bzw. der Erdballsymmetrie, die großen Einfluss auf das Klima hat, außer Acht gelassen.

Flohn entwickelte, gemäß einer ganzjährigen Dominanz oder einem jahresperiodischem Wechsel von westlicher bzw. östlicher Vorzugsrichtung der zonalen Strömung, je Erdhalbkugel, vier Dauerklimazonen und, dazwischen verteilt, drei Wechselklimazonen. Diese hat er dann in den „Idealkontinent" zunächst schematisch eingezeichnet. Bei diesem so genannten Idealkontinent treten die Landmassen nicht als natürliche Kontinente auf, sondern als Fläche, die der Breitenkreisabhängigen Breite der jeweiligen Landesanteile entspricht. Da auf der Nordhalbkugel die Landmasse im Gegensatz zur Südhalbkugel dominiert entsteht auf diese Art und Weise ein Kontinent der einer auf dem Kopf stehenden Rübe ähnelt. Obwohl Flohn seine Klassifikation nur auf dem Idealkontinent dargestellt hat, kommt dabei die Asymmetrie zwischen den West- und Ostküsten der Kontinente klar zum Vorschein (in der Realität z.B. beim amerikanischen Kontinent vorhanden)

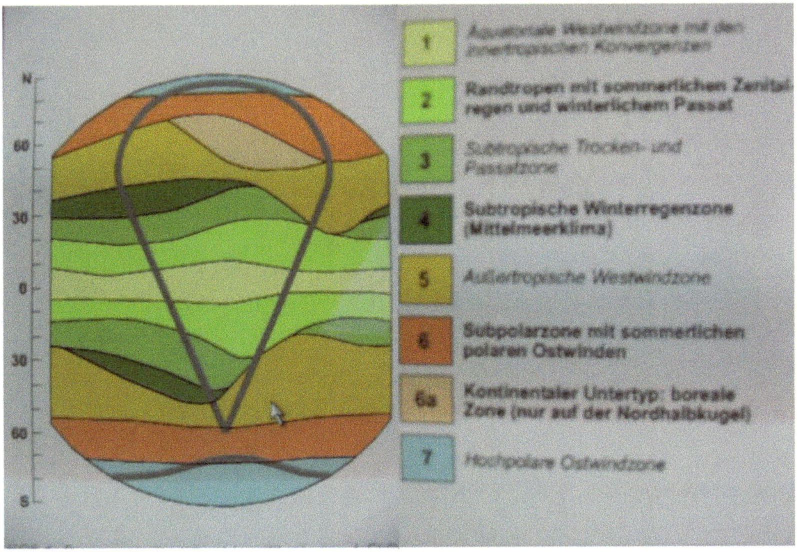


Abbildung 6: Die genetische Klimaklassifikation nach Flohn auf der hypothetischen Klimarübe, http://www.geographie.uni-muenchen.de

Er hat sie wie folgt beschrieben:

1. Äquatoriale Westwindzone mit den innertropischen Konvergenzen (stetig) (TT)

2. Subtropische Trocken- und Passatzone (alternierend) (TP)

3. Das stetige Passatklima der randtropisch – subtropischen Trockenzone(stetig) (PP)

4. Subtropische Winterregenzone (Mittelmeerklima) (alternierend) (PW)

5. Außertropische Westwindzone (stetig) (WW)

6. Subpolarzone mit sommerlichen polaren Ostwinden;
6a. Kontinentaler Untertyp: boreale Zone (nur auf der Nordhalbkugel, sie liegt im Winter unter Einfluss des festländischen Kältehochs.) (alternierend) (EW)

7. hochpolare Ostwindzone (stetig) (EE)

Die Abkürzungen beziehen sich auf die vorherrschende Strömung (erster Buchstabe: Sommer, zweiter: Winter)
T: innertropischen westlichen Winde
P: Passate (tropische östliche Winde)
W: außertropische westliche Winde
E: polare östliche Winde
(Hupfer, 1991, S. 256)

### 2.3.2 Genetisch - dynamische Klimaklassifikation nach Kupfer

Im Jahre 1954 versuchte E. Kupfer, die von Hermann Flohn nur auf dem Idealkontinent eingezeichneten Klimazonen, auf einer Weltkarte wiederzugeben, dabei änderte er ein wenig die Bezeichnungen der einzelnen Klimazonen und gliederte sie ein auch etwas anders (Abb. 7).
Seine Klimaklassifikationsversuch erstellte er ebenfalls im allgemeinen mit zu Hilfenahme der klimagenetischen Hauptfaktoren und im speziellen mit dem globalen Zirkulationssystem und dem Strahlungseinfluss, der Verdunstung, der Hochdruck- und Tiefdruckwirbel, der Höhenlage, dem Reibungsfluss (z.B. durch Gebirgsbarrieren), den Auswirkungen von Luv und Lee und Albedo.
Eine Problematik ergibt sich hierbei jedoch bei der Illustration dieser Klassifikation in Bezug auf die jahreszeitliche Verschiebung, wie z.B. dem Monsun in Indien. Auch Flohn hatte bei seiner Darstellung das Monsunklima, als eigenen Klimatyp ausgelassen.

Er hat seine Klimazonen (grobe Einteilung) wie folgt beschrieben (vgl. Abb. 7):

Immerfeuchtes innertropisches Klima (stetig) (TT)

Periodisch feuchtes innertropisches Klima (alternierend) (TP)

Passatklimate (stetig) (PP)

Subtropisches Klima (alternierend) (PW)

Klima der planetarischen Frontalzone (stetig) (WW)

Subpolares Klima (alternierend) (EW)

Polares Klima (stetig) (EE)

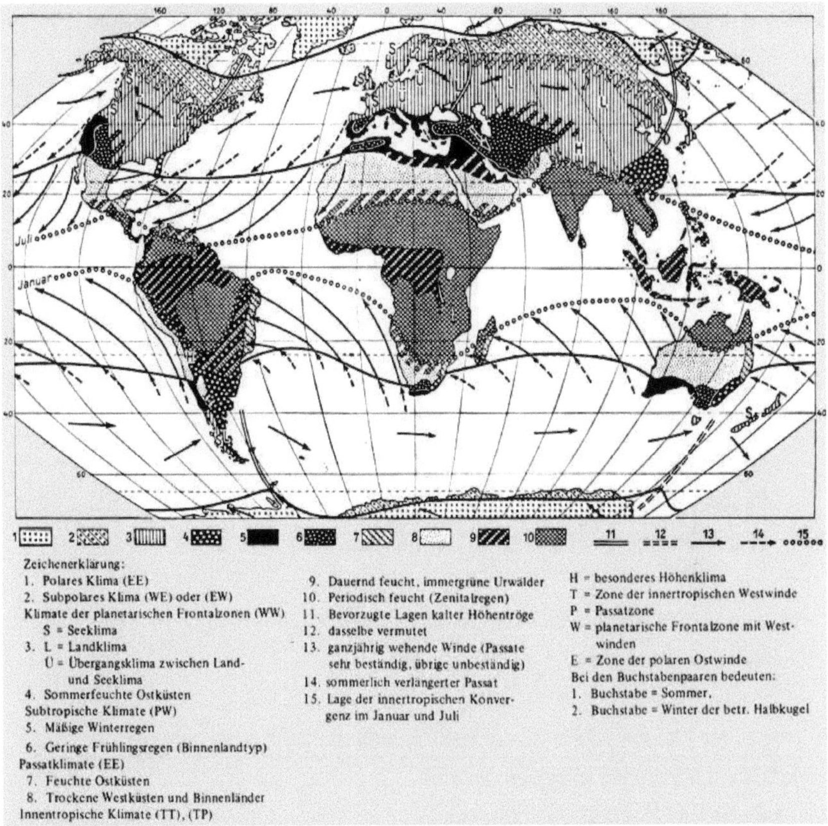


Abbildung 7: Räumliche Verteilung der Klassen der genetischen Klimaklassifikation nach H. Flohn (1950) / E. Kupfer (1954), Liljequist, 1990

### 2.3.3 Genetisch - dynamische Klimaklassifikation nach W.H. Terjung und S.S.F. Louie

Im Jahre 1972 verfassten W.H. Terjung und S.S.F. Louie die erste genetisch – dynamische Klimaklassifikation, die auf der Energiebilanz der Erde beruht. Dabei konnten sie bereits in den 70er Jahren auf EDV- Systeme zurückgreifen und so „die physikalischen Ansprüche, die man an eine Klassifikation stellt, für eine globale Darstellung [...] verwirklichen" (Lauer, 1993, S. 188) Sie griffen dabei auf die1963 von M.I. Budyko entwickelte vereinfachte Wärmebilanzgleichung zurück und entwickelten daraus ihre Klassifikation, die aus 62 einzelnen Energiebilanzklimaten besteht, die in 6 Gruppen unterteilt wurden. Zur Berechnung der Daten verwendeten sie folgende Energiebilanzgleichung:

$$R + F\downarrow = LE\uparrow + H\uparrow + F\uparrow$$

R: Nettostrahlungsbilanz

F ↓: zugestrahlte, fühlbare Wärme

R + F ↓: eingestrahlte Energie (Energieinput)

LE ↑: latente Verdampfungswärme (Energieoutput)

H ↑: fühlbare Wärme (Energieoutput)

F ↑: Wärmeabgabe des Ozeans (Energieoutput)

Terjung und Louie beschrieben das genetische System der Energie – Input – Output – Klimate folgendermaßen:

A: Tropisches Makroinputklima, maximale Energieaufnahme bei geringer Schwankung und hohen absoluten Werten

AV: überwiegend feuchter Energieoutput

AH: überwiegend trockener Energieoutput

AVH: wechselfeuchter Energieoutput (jahresperiodischer Wechsel)

B: Subtropische Makroinputklimate, hohe Energieaufnahme bei einer mittleren Schwankung

BV: überwiegend feuchter Energieoutput

BH: überwiegend trockener Energieoutput
BVH: wechselfeuchter Energieoutput (jahresperiodischer Wechsel)

C: Außertropische Makroinputklimate, große Energieeinnahmen bei großen Schwankungen der eingehenden und ausgehenden Energie
CV: überwiegend feuchter Energieoutput
CH: überwiegend trockener Energieoutput
CVH: wechselfeuchter Energieoutput (jahresperiodischer Wechsel)

D: Tropische Mesoinputklimate, mittlere Energieaufnahme, bei sehr geringer Energieschwankung
DV: überwiegend feuchter Energieoutput
DH: überwiegend trockener Energieoutput
DVH: wechselfeuchter Energieoutput (jahresperiodischer Wechsel)

E: Außertropische Mesoinputklimate, maritim, mittlere Energieeinnahmen und auch Energieausgaben bei mäßigen Schwankungen
EV: überwiegend feuchter Energieoutput
EVH: wechselfeuchter Energieoutput (jahresperiodischer Wechsel)

G: Außertropische Mikroinputklimate, polar, Aufnahme minimaler Energiemengen bei halbjährlich großen Einnahmeschwankungen
GV: überwiegend feuchter Energieoutput
GH: überwiegend trockener Energieoutput

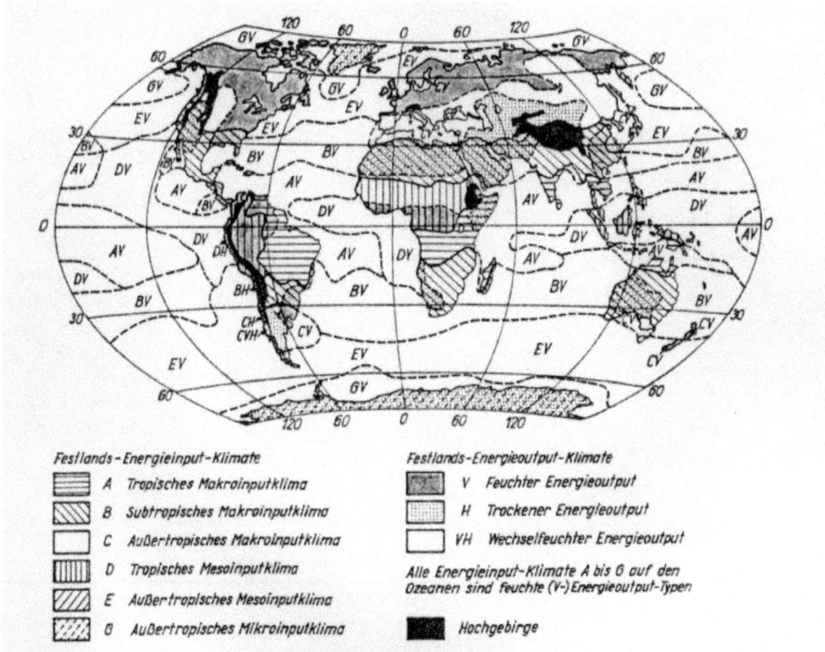


**Abb. 5.11.**
**Energie-Input-Output-Klimate der Erde nach W. H. Terjung und S. S. F. Louie 1972 in vereinfachter Fassung**

Abbildung 8: Energie – Input – Output – Klimate der Erde nach W.H. Terjung und S.S.F. Louie in vereinfachter Fassung, Hupfer, 1991, S. 263

## 2.4 Effektive Klimaklassifikation

Die effektive Klimaeinteilung geht von der Wirkung der Klimaelemente auf die Erde aus (Effekt = Wirkung). Diese Auswirkungen spiegeln die räumliche Unterscheidung anderer Naturerscheinungen wieder. Sie „beruht auf der Kombination von Mittel-, Andauer- und Schwellenwerten einzelner Klimaerscheinungen“ (Leser, 2001, S. 394) Dabei werden dann die Klimagebiete nach ihren Wirkungsmerkmalen definiert und abgegrenzt. Durch, die inzwischen seit Jahrzehnten, genaue und recht flächendeckende Aufzeichnung unterschiedlichster Klimaerscheinungen (s.u.) kann man heutzutage auch „exakte, zahlenmäßige Aussagen für bestimmte Gebiete und

Örtlichkeiten in regionalen oder sogar lokalen Maßstäben" (Lauer, 1993, S. 192) treffen. Die meisten genetischen Klimaklassifikationen wurden hingegen auf Weltkarten mit sehr kleinen Maßstäben abgebildet und ließen daher keine Einteilung der Erde bis in kleinste räumliche Einheit zu.

„Die Meteorologischen Dienste messen die folgenden klimatischen Werte regelmäßig und flächendeckend:

- Lufttemperatur (1-3 mal täglich und Min. – Max. - Temperaturen)
- Niederschlagssumme (1-3 mal täglich)
- Windgeschwindigkeit (kontinuierlich durch Windweg) und Windrichtung
- Luftfeuchtigkeit (1-3 mal täglich)
- Luftdruck (1-3 mal täglich)
- Sonnenscheindauer (kontinuierlich durch Brennglas)

seltener:

- Strahlung
- Verdunstung
- Abfluss

Dies erzeugt eine Menge Daten: ca. 2500 Stationen im weltweiten Netz mit ca. 30000 Lufttemperaturwerte pro Station in 30 Jahren ergibt ca. 75 Millionen Temperaturwerte in 30 Jahren. Was macht man mit dieser großen Menge Daten? Klimatologie ist Mittelwerts- und Summenbildung!
Momentane Messwerte werden umgerechnet (aggregiert) zu:

- Tageswerte, diese zu
- Wochenwerte, diese zu
- Monatswerte, diese zu
- Jahreswerte

Dabei werden für alle Größen außer Niederschlag, Verdunstung und Abfluss Mittelwerte berechnet. Für Niederschlag, Verdunstung und Abfluss werden die Summen bestimmt.
Vor allem die aggregierten Monats- und Jahreswerte bilden die Grundlage der effektiven Klimaklassifikationen. Die Vielzahl der daraus resultierenden effektiven Klimaklassifikationen ist kaum überschaubar."
(aus: http://www.geographie.uni-muenchen.de)

### 2.4.1 Effektive Klimaklassifikation nach W. Köppen

Die bekannteste und auch heute noch meistgebrauchte effektive Klimaklassifikation wurde von Wladimir Köppen bereits im Jahre 1900 verfasst und über Jahrzehnte, durch ihn und später auch durch andere Wissenschaftler, modifiziert und weiterentwickelt. Sie war die erste Klimaklassifikation im eigentlichen Sinne, da sie im Gegensatz zu A. Supan (s.o.) die Klimate einem weltweiten Vergleich unterzog. Er gilt auch als Erfinder der effektiven Klimaklassifikation.

Wladimir Köppen bemerkte in seinem Werk 1936 „Mein Streben ist in erster Linie nicht, die Erdräume nach klimatischen Merkmalen zu scheiden, sondern die Klimate selbst in ein gewisses System zu bringen und dann festzustellen, wo sie sich finden." Er war um eine objektive Klassifikation bemüht, bei der die unterschiedlichen Klimatypen quantitativ charakterisiert werden. Er „leitete die Klimate der Erde in seiner ersten Klassifikation (1900) aus der Verbreitung des Vegetationskleides der Erde ab, insbesondere auf der Basis von De Candolle (1874) erkannten thermisch und hygrisch bestimmten Pflanzengruppen der Erde. In seiner umgestalteten Klassifikation von 1918 umschrieb Köppen die Klimazonen mit Schwellenwerten, Andauerzeiten der Temperatur und Niederschlagsmengen sowie Temperatur / Niederschlag – Indizes..." (Lauer, 1993, S. 193, 194) Diese „sind entweder durch Vergleich mit geeigneten Vegetationsgrenzen bestimmt, oder sie stellen ausgezeichnete Zahlenwerte klimatischer Größen mit nachweislicher Bedeutung für die Vegetation dar. Von den wichtigeren Grenzwerten entsprechen nach Köppen näherungsweise (z.B., Anm. des Verfassers):

- Die 18°C – Mitteltemperatur des durchschnittlich kältesten Monats der Verbreitungsgrenze zahlreicher kälteempfindlicher und wärmebedürftiger Tropengewächse [...]
- Der 4 – Monate – Andauerwert einer Mitteltemperatur von mindestens 10 °C der Grenze zwischen außertropischen Nadelwald und thermisch anspruchsvollem außertropischen Laubwald [...]"

(Hupfer, 1991,S. 229)

Dort lässt sich auch eine Problematik erkennen, denn das natürliche Vegetationsbild hat sich besonders seit den letzten beiden Jahrhunderten durch den menschlichen Einfluss stark geändert, allerdings sind einige angebaute Kulturpflanzen auch äußerst klimaabhängig, somit können diese auch bei der Erfassung für Klimaklassifikationen von Nutzen sein. Köppen bezieht sich jedoch auf die potentielle natürliche Vegetation und lässt das reale Vegetationskleid der Erde außer Acht.

Die Einführung der formelmäßigen Buchstabenkennzeichnung der Klimatypen, die später oft nachgeahmt wurde, ist ebenfalls ihm zuzusprechen. Diese ermöglichte „den Detaillierungsgrad des klimatischen Ordnungssystems nach quantitativ festgelegten Vorschriften dem jeweiligen Bedarf anzupassen;...". (Hupfer, 1991, S: 223, 225) Die folgende Fassung des effektiven Systems der Klimate aus dem Jahre 1936 ist die letzte, die von Köppen selbst verfasst wurde. Dabei sind die Hauptklimate A, C, D und E thermisch und B hygrisch definiert. Dies ist zwar als Inkonsequenz seiner Gliederung zu sehen, allerdings tat er dies an Anlehnung an die hygrische Bestimmung der Vegetation in den Trockengebieten von dem Geobotaniker de Candolle. Eine andere Schwachstelle stellt die Nicht – Erfassung der Gebirgsklimate in seinen ersten beiden Hauptklimaten dar. Als ein letzter Kritikpunkt ist noch die fehlende Wärme- und Wasserhaushaltbilanzierung zu sehen. Der erste Großbuchstabe gibt dabei immer die Klimazone, der darauf folgende Kleinbuchstabe den dazugehörigen Klimatyp an.

**A**

tropische Regenklimate,

Mitteltemperatur des kältesten Monats über 18 °C

**Af**

Immerfeucht, Niederschlagssumme des niederschlagärmsten Monats mindestens 60mm

**Am**

Immerfeucht, Niederschlagssumme des niederschlagsärmsten Monats unter 60mm, Kompensation der Trockenperiode durch hohen Regenzeit – Niederschlag, wenn $r >= 25(100-r^*)$

**Aw**

Wintertrocken, Niederschlagssumme des niederschlagsärmsten Wintermonats unter 60mm

**As**

Sommertrocken, Niederschlagssumme des niederschlagsärmsten Sommermonats unter 60mm

**B**

Trockenklimate,

Grenzbedingungen: $r < 2t + 28$ (bei Sommerniederschlag)

$r < 2t + 14$ (bei fehlender Niederschlagsperiode)

$r < 2t$ (bei Winterniederschlag)

**Bs**

Steppenklima

Grenzbedingungen: $r >= t + 14$ (bei Sommerniederschlag)

$r >= t + 7$ (bei fehlender Niederschlagsperiode)

$r >= t$ (bei Winterniederschlag)

**Bw**

Wüstenklima

Grenzbedingungen: $r < t + 14$ (bei Sommerniederschlag)

$r < t + 7$ (bei fehlender Niederschlagsperiode)

$r < t$ (bei Winterniederschlag)

**C**

Warmgemäßigte Regenklimate,

Mitteltemperatur des kältesten Monats zwischen 18°C und -3°C.

**D**

Boreale Schneewaldklimate,

Mitteltemperatur des kältesten Monats unter -3°C

Mitteltemperatur des wärmsten Monats mindestens 10°C

**Cw / Dw**

Wintertrocken, Niederschlagssumme des niederschlagsreichsten Sommermonats mindestens 10mal so hoch wie jene des niederschlagsärmsten Wintermonats

**Cs / Ds**

Sommertrocken, Niederschlagssumme des niederschlagsreichsten Wintermonats mindestens 3mal so hoch wie jene des niederschlagsärmsten Sommermonats. (Die Niederschlagssumme des letzteren darf außerdem 30mm nicht überschreiten.)

**Cf / Df**

Immerfeucht, geringe Niederschlagsdifferenzen zwischen den extremen Monaten als im Cw / Dw- bzw. Cs / Ds- Bereich.

<u>Thermische Zusatzgliederung:</u>

**Ca / Da**

Sommerheiß, Mitteltemperatur des wärmsten Monats über 22°C

**Cb / Db**

Sommerwarm, Mitteltemperatur von 4 Monaten mindestens 10 °C

**Cc /Dc**

Sommerkühl, Mitteltemperatur von -3 Monaten mindestens 10 °C

**E**

Schneeklimate

Mitteltemperatur des wärmsten Monats unter 10 °C

**ET**

Tundrenklima, Mitteltemperatur des wärmsten Monats über 0°C

**EF**

Klima des ewigen Frostes, Mitteltemperatur des wärmsten Monats maximal 0°C

r = durchschnittliche Jahresniederschlagssumme

r* = durchschnittliche Niederschlagssumme des niederschlagsärmsten Monats

t = durchschnittliche Jahresmitteltemperatur

(Hupfer, 1991, S. 224, 225)

Innerhalb der Klimatypen können durch Anfügen weiterer Buchstaben an die Klimaformel Unterschiede hervorgehoben werden. Hierbei werden Klimauntertypen gekennzeichnet.

**a**

Heiße Sommer, Mitteltemperatur des wärmsten Monats über 22°C

**b**

warme Sommer, Mitteltemperatur des wärmsten Monats unter 22°C, mindestens vier Monate mit Mitteltemperaturen von wenigstens 10°C

**c**

kühle Sommer, Mitteltemperatur des wärmsten Monats unter 22°C, ein bis der Monate Mitteltemperaturen von wenigstens 10°C

**d**

strenge Winter, Mitteltemperatur des kältesten Monats unter -38°C

**g**

Gangestyp des jährlichen Temperaturganges, das Jahresmaximum tritt vor der Sommersonnenwende und der sommerlichen Regenzeit ein

**h**

Heiß, Jahresmitteltemperatur über 18°C

**k**

Kalt, Jahresmitteltemperatur unter 18°C

(Heyer, 1988)

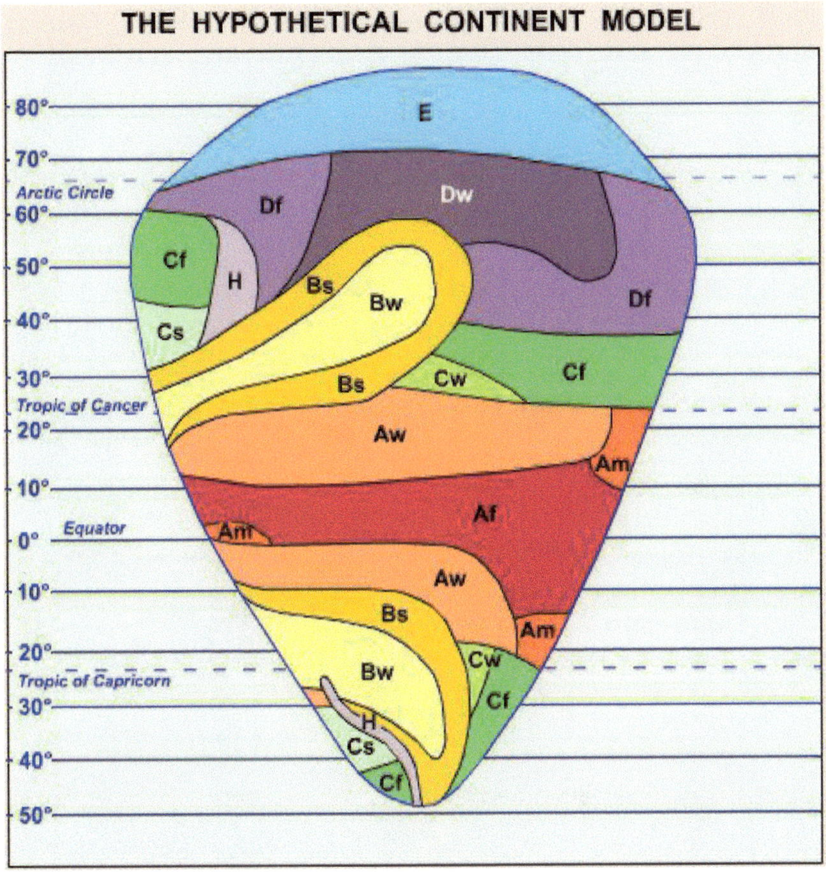


Abbildung 9: "Rübe" mit der Verteilung der Köppen'schen Klimazonen, De Blij, 1996

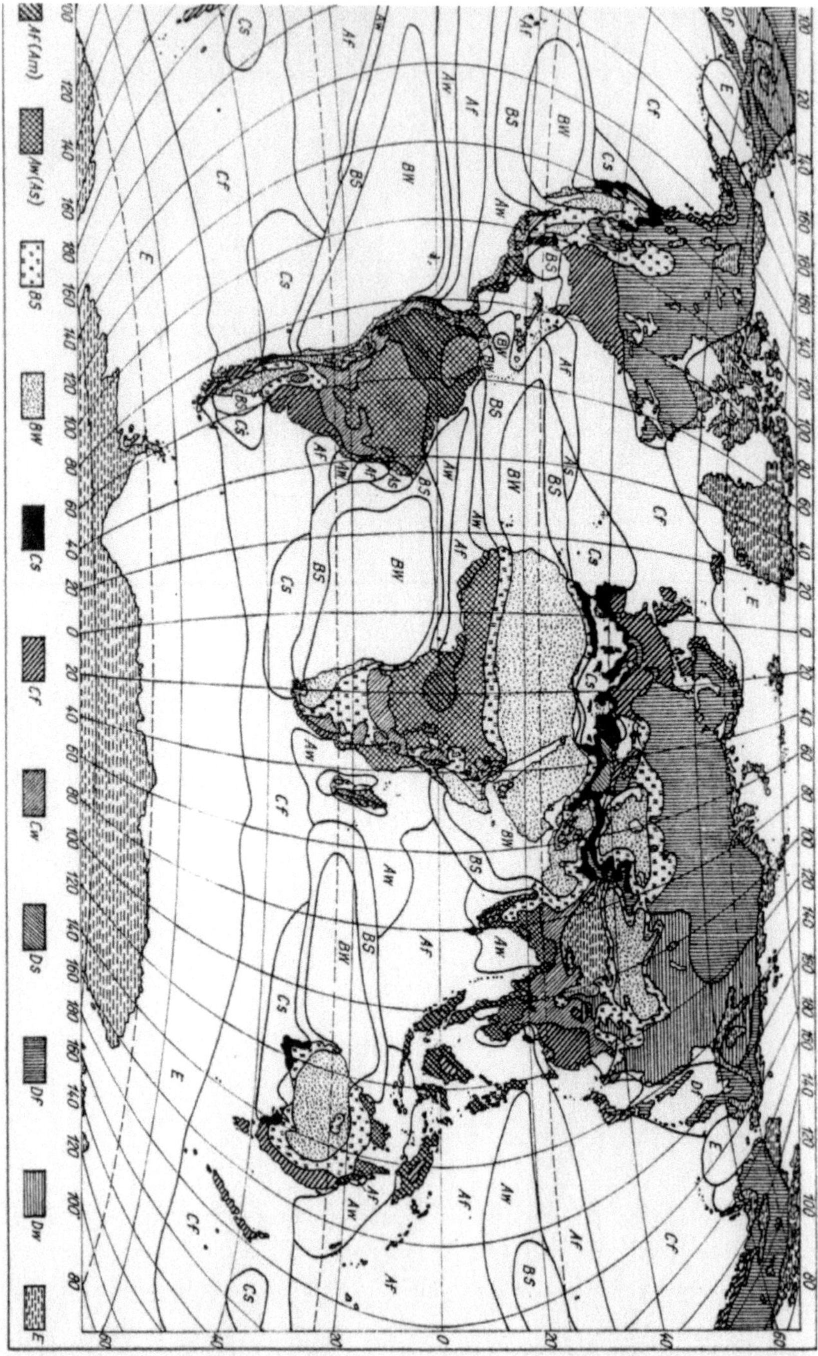
Af (Am)
Aw (As)
BS
BW
Cs
Cf
Cw
Ds
Df
Dw
E

Abbildung 10: Vegetationsorientierte Klimate der Erde nach W. Köppen 1936 in der Neukartierung von R. Geiger 1961, Hupfer, 1991, S. 228

Die oben erwähnte thermische Zusatzgliederung der C / D - Klimate in Subtypen ist ebenso wie die Gliederung der E – Klimate aus Gründen besserer Übersicht in der Abbildung fortgelassen worden.

### 2.4.2 Effektive Klimaklassifikation nach Troll / Paffen

Eine weitere sehr verbreitet anerkannte effektive Klimaklassifikation ist die von Carl Troll und Karl Heinz Paffen. Im Jahre 1948 verfasste Troll eine Klimagliederung, die er ‚Klimatische Vegetationsgürtel der Erde' nannte. Diese stellte er auf einem, dem oben beschriebenen und oft verwendetem Idealkontinent ähnlichem, Sammelkontinent dar (siehe Abb.11). Bei der Abbildung wurde auf Grund der Übersichtlichkeit das Gradnetz weggelassen. Der waagerechte Strich symbolisiert den Äquator.

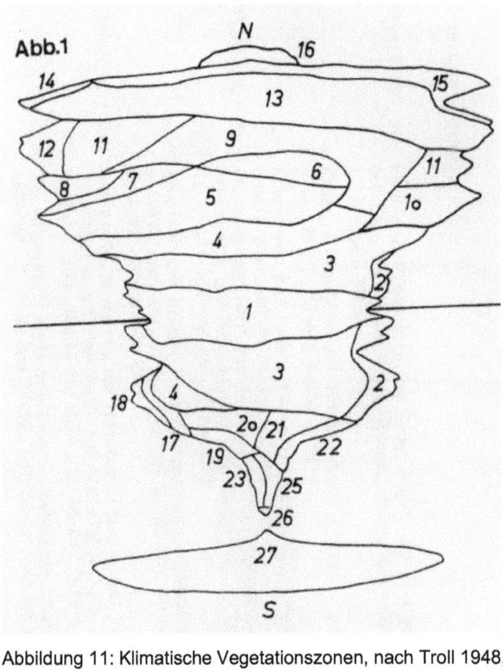


Abbildung 11: Klimatische Vegetationszonen, nach Troll 1948, Zienert, 1981, S. 86

Troll teilte diesen, von ihm auch genannten, Durchschnittskontinent in drei Klimazonen und diverse Klimatypen ein.

**I. tropische Klimate**

1. äquatoriales Regenwaldklima
2. tropisches Regenwaldklima mit passatischen Steigungsregen
3. Klima der tropischen Savanne und regengrünen Wälder
4. Klima der tropischen Dornsteppe und Dornwälder

**II. Außertropische Klimate der Nordhalbkugel**

5. Heißes Wüstenklima
6. Klima der kalten Binnenwüsten
7. Klima der subtropisch – wintergrünen Steppen
8. Sommerheißes Winterregenklima
9. Winterkaltes Grasssteppenklima
10. Sommerheißes feuchtes Monsunklima mit Lorbeerwäldern
11. Klima der sommergrünen Wälder
12. Klima der ozeanischen sommergrünen Fallaub- und Lorbeerwälder
13. Boreales Nadelwaldklima
14. Boreales Birkenwaldklima
15. Subarktisches Tundrenklima
16. Klima der arktischen Kaltwüsten

**III. Außertropische Klimate der Südhalbkugel**

17. Klima der südhemisphärischen Küstenwüsten
18. Wüstenklima der Garua
19. Südhemisphärisches Winterregenklima
20. Subtropisches Dornsteppenklima (Karru, Monte)
21. Südhemisphärisches subtropisches Graslandklima
22. Subtropisches Regenwaldklima
23. Kühltemperiertes Regenwaldklima
24. Patagonisch – neuseeländisches Steppenklima
25. Subarktisches Klima (Tussock – Grasland und – Moor)
26. Antarktisches Inlandeisklima

Im Jahre 1963 verfasste Carl Troll gemeinsam mit Karl Heinz Paffen die, aus der oben genannten Klimagliederung entwickelte, ‚Karte der Jahreszeitenklimate der Erde von Troll & Paffen'. An den Bezeichnungen (s.o.) der von Troll 1948 aufgeführten Klimatypen kann man schon deutlich das System der Klimaklassifikation sehen. Die Wissenschaftler richteten 1963 ihr Augenmerk in besonderer Weise auf die Beziehung zwischen Klima und Vegetation. Auch findet man bei ihnen eine Berücksichtigung der jahreszeitlichen Variation der klimatischen Hauptelemente Beleuchtung, Temperatur, Niederschlag Humidität und Aridität.

Zunächst werden 5 Klimazonen unterschieden, die allerdings nicht völlig eigenständig bestimmt wurden, wobei thermische Prinzipien bei der Bestimmung schon im Vordergrund stehen. Hauptsächlich definieren sie sich jedoch durch die jeweils zugehörigen Klimatypen. Dadurch, dass die Land – Meerverteilung auf Nord- und Südhalbkugel sehr unterschiedlich ist und dies auch bei der Vegetation zum Vorschein kommt haben Klimatypen der Nordhalbkugel kein Gegenstück auf der Südhalbkugel. Bei den insgesamt 36 untergeordneten Klimatypen kommt bei der Unterteilung dann die quantitative Abgrenzung zum Vorschein. Die quantitative Charakterisierung erfolgt „mit Hilfe von vier Parametern, die allerdings nicht durchgehend genutzt werden: Mitteltemperatur des durchschnittlich kältesten und (oder) des durchschnittlich wärmsten Monats, durchschnittliche Lufttemperatur-Jahresschwankung, durchschnittliche Dauer der thermischen Vegetationsperiode (hier als Jahresabschnitt mit Tagesmittelwerten der Lufttemperatur über 5 °C definiert), durchschnittliche Anzahl humider Monate innerhalb des Jahres." (Hendl, Manfred / Liedtke, Herbert,1997) Ein Kritikpunkt ist, dass nur für die Tropen und Subtropen die Untergliederung nach den Kriterien der humiden und ariden Jahreszeiten erfolgt. Außerhalb sind die Abgrenzungen quantitativ und physikalisch nicht voll abgesichert. Die klimatischen Höhenstufen der Gebirge sind als Höhenvarianten der zugehörigen Klimazonen aufzufassen.

Durch die recht fein strukturierte Gliederung gilt diese Klassifikation jedoch als eine der detailliertesten. Bei der 'Karte der Jahreszeitenklimate der Erde von Troll & Paffen' handelt „es sich nicht um eine reine Klimakarte, sondern eher um eine Karte der potentiellen natürlichen Vegetation mit möglichst klimatischer Begründung für die jeweiligen Abgrenzungen." (Zienert, 1981, S. 83)

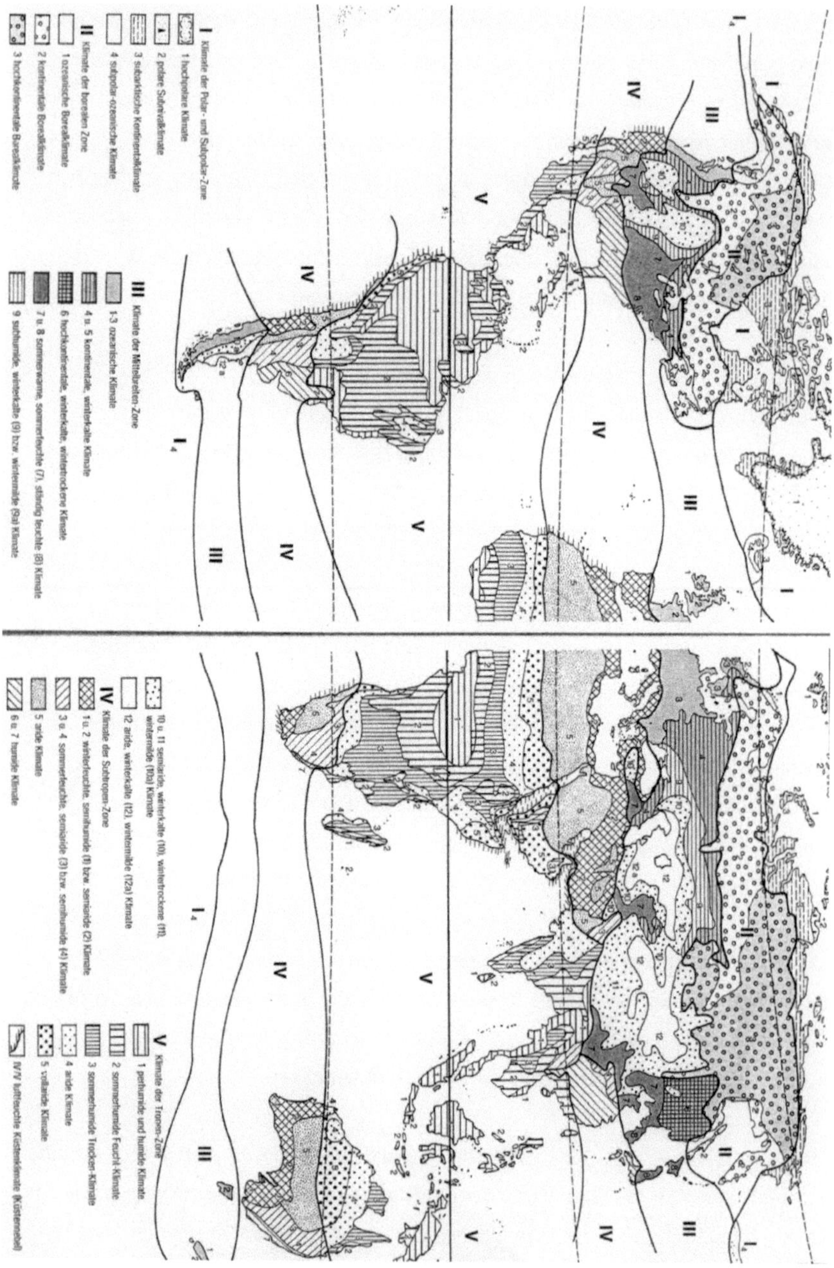

Abbildung 12: Die Klimazonen der Erde auf der Basis der Klassifikation von C. Troll und K.H. Paffen 1964 ( nach Troll 1964), das Geographische Seminar, Klimatologie, 1993, S. 196/197

Dies hat jedoch den Vorteil, dass die Klimazonen als Vegetationszonen abgebildet werden und sie somit sehr nützlich für die Darstellung in z.B. Schulatlanten ist.

Tabelle 1:

Troll / Paffen Klimaklassifikation, http://www.klimadiagramme.de

W: Mitteltemperatur des wärmsten Monats in °C

K: Mitteltemperatur des kältesten Montas in °C

A: Jahresamplitude der Temperatur in K

V: Vegetationsdauer in Tagen

h: Zahl der humiden Monate

**I. Polare und subpolare Zonen**

| . | **Klima** | **Beschreibung** | **Temperatur** | **Vegetation** |
|---|---|---|---|---|
| 1. | Hochpolare Eisklimate | . | . | Polare Eiswüsten |
| 2. | Polare Klimate | geringe Sommerwärme | W: unter +6° C | polare Frostschuttzone |
| 3. | subarktische Tundrenklimate | milde Sommer<br>große Winterkälte | W: +6 bis 10° C<br>K: unter -8°C | Tundren |
| 4. | Subpolare, hochozeanische Klimate | mäßig kalte, schneearme Winter<br>kühle Sommer | W: +5 - 12° C<br>K: +2 bis -8° C<br>A: unter 10 K | subpolares Tussock-Grasland<br>Moore |

**II. Kaltgemäßigte, boreale Zonen**

| | | | | |
|---|---|---|---|---|
| 1. | Ozeanische Borealklimate | mäßig kalte, rel. schneereiche Winter<br>Niederschlagsmax. im Winter<br>mäßig warme Sommer | W: +10 bis 15° C<br>K: +2 bis -3° C<br>V: 120 bis 180 | ozeanisch feuchte Nadelwälder |
| 2. | Kontinentale Borealklimate | lange, kalte, sehr schneereiche Winter<br>kurze, rel. warme Sommer | W: +10 bis 20° C<br>A: 20 bis 40 K<br>V: 100 bis 150 | kontinentale Nadelwälder |
| 3. | Hochkontinentale Borealklimate | sehr lange, extrem kalte, trockene Winter<br>kurze, ausreichende sommerl. Erwärmung | W: +10 bis 20° C<br>K: unter -25° C<br>A: über 40 K | Dauerfrostboden mit tiefem Auftauboden<br>hochkontinentale, trockene Nadelwälder |

**III. Kühlgemäßigte Zonen**

**Waldklimate**

| | | | | |
|---|---|---|---|---|
| 1. | Hochozeanische Klimate | sehr milde Winter mit hohem Niederschlagsmax. kühle bis mäßig warme Sommer | W: unter 15° C<br>K: +2 bis 10° C<br>A: unter 10 K | immergrüne Laub- und Mischwälder |
| 2. | Ozeanische Klimate | milde Winter<br>mäßig warme Sommer<br>Niederschlagsmax. in Herbst u. Winter | W: unter 20° C<br>K: über 2° C<br>A: unter 16 K | ozeanische Falllaub- und Mischwälder |
| 3. | Subozeanische Klimate | milde bis mäßig kalte Winter<br>mäßig warme bis warme und lange Sommer<br>Niederschlagsmax. in Herbst u. Sommer | K: +2 bis -3° C<br>A: 16 bis 25 K<br>V: über 200 | subozeanische Falllaub- und Mischwälder |
| 4. | Subkontinentale Klimate | kalte Winter<br>mäßig warme Sommer<br>sommerl. Niederschlagsmax. | W: meist unter 20° C<br>A: 20 bis 30 K<br>V: 160 bis 210 | kontinentale Falllaub- und Mischwälder |
| 5. | Kontinentale Klimate | winterkalt, schwach wintertrocken<br>mäßig warme, mäßig feuchte Sommer | W: 15 bis 20° C<br>K: -10 bis -20° C<br>A: 30 bis 40 K<br>V: 150 bis 180 | kontinentale Falllaub- und Mischwälder<br>Waldsteppen |
| 6. | Hochkontinentale Klimate | Winterkalt, wintertrocken<br>warme, feuchte Sommer | W: über 20° C<br>K: -10 bis -30° C<br>A: meist über 40 K | hochkontinentale Falllaub- und Mischwälder<br>Waldsteppen |
| 7a. | sommerwarme, sommerfeuchte Klimate | mäßig kalte, trockene Winter | W: 20 bis 26 ° C<br>K: 0 bis 8° C<br>A: 25 bis 35 K | wärmeliebende Falllaub- und Mischwälder<br>Waldsteppen |
| 7b. | sommerwarme, winterfeuchte Klimate | Winterhalbjahr mild bis mäßig kalt | W: 20 bis 26 ° C<br>K: +2 bis -6° C | mild temperierte bis winterharte, wärmeliebende Trockenwälder<br>Waldsteppen |
| 8. | sommerwarme, ständig feuchte Klimate | milde bis mäßig kalte Winter | W: 20 bis 26 ° C<br>K: +2 bis -6° C<br>A: 20 bis 30 K | feuchte, wärmeliebende Falllaub- und Mischwälder |

**Steppen- und Wüstenklimate**

| | | | | |
|---|---|---|---|---|
| 9a. | Winterkalte Feuchtsteppenklimate | Wachstumszeit im Frühjahr und Frühsommer | K: unter 0° C<br>h: 6 und mehr | kraut- und staudenreiche Hochgrassteppen |
| 9b. | Wintermilde Feuchtsteppenklimate | Wachstumszeit im Frühjahr und Frühsommer | K: über 0° C<br>h: 6 und mehr | kraut- und staudenreiche Hochgrassteppen |
| 10. | Winterkalte Trockensteppenklimate | Sommerdürre | K: unter 0° C<br>h: weniger als 6 | Kurzgras-, Zwergstrauch-Dornsteppen |
| 11. | Winterkalte, sommerfeuchte Steppenklimate | wintertrocken | K: unter 0° C | zentral- u. ostasiat. Gras- u. Zwergstrauchsteppen |
| 12a. | Winterkalte Halbwüsten- u. Wüstenklimate | . | K: unter 0° C | winterkalte Halb- und Vollwüsten |
| 12b. | Wintermilde Halbwüsten- u. Wüstenklimate | . | K: 6 bis 0° C | wintermilde Halb- und Vollwüsten |

**IV. Warmgemäßigte Zonen**

Alle Ebenen- und Hügellandklimate wintermild (K: 13 bis 2° C auf der Nord-, 13 bis 6° C auf der Südhalbkugel)

| | | | | |
|---|---|---|---|---|
| 1. | winterfeucht-sommertrockene Mediterranklimate | . | h: meist mehr als 5 | subtropische Hartlaub- und Nadelgehölze |
| 2. | winterfeucht-sommerdürre Steppenklimate | . | h: meist unter 5 | subtropische Gras- und Strauchsteppen |
| 3. | kurz sommerfeuchte Steppenklimate | . | h: unter 5 | subtropische Dorn- und Sukkulententeppen |
| 4. | lang sommerfeuchte wintertrockene Klimate | . | h: meist 6 bis 9 | subtropische Kurzgrassteppen hartlaubige Monsunwälder- und Waldsteppen |
| 5. | Halbwüsten und Wüstenklimate | ohne strenge Winter meist mit kurzandauernden Frösten oder Nachfrösten | h: meist unter 2 | subtropische Halbwüsten und Vollwüsten |

| | | | | |
|---|---|---|---|---|
| 6. | Ständig feuchte Graslandklimate | Südhalbkugel | h: 10 bis 12 | subtropische Grasfluren |
| 7. | Ständig feuchte sommerheiße Klimate | sommerl. Niederschlagsmax. | . | subtropische Feuchtwälder (Lorbeer- und Nadelgehölze) |

**V. Tropenzone**

| | | | | |
|---|---|---|---|---|
| 1. | Tropische Regenklimate | Regenzeit mit oder ohne kurze Unterbrechung | h: 12 bis 9.5 | immergrüne tropische Regenwälder und halb-laubwerfende Übergangswälder |
| 2a. | Tropisch-sommerhumide Feuchtklimate | . | h: 9.5 bis 7 | regengrüne Feuchtwälder und feuchte Grassavannen |
| 2b. | Tropisch-winterhumide Feuchtklimate | . | h: 9.5 bis 7 | halblaubwerfende Übergangswälder |
| 3. | Wechselfeuchte Tropenklimate | . | h: 7 bis 4.5 | regengrüne Trockenwälder und Trockensavannen |
| 4a. | Tropische Trockenklimate | . | h: 4.5 bis 2 | tropische Dorn-Sukkulentenwälder und -Savannen |
| 4b. | Tropische Trockenklimate | humide Monate m Winter | . | . |
| 5. | Tropische Halbwüsten- und Wüstenklimate | . | h: unter 2 | tropische Halb- und -Vollwüsten |

### 3.4.3 Effektive Klimaklassifikation nach A. Penck

Albrecht Penck verfasste im Jahre 1910 eine, im Gegensatz zu Köppen und Troll / Paffen, eine andere Art von effektiven Klimaklassifikationen. Sie beruht nicht hauptsächlich auf Schwellenwerten von Temperatur und Niederschlag, sondern „bedient sich des Wasserhaushaltsparameters ‚Humidität und Aridität'." (Lauer, 1993, S. 199) Er bezog sich dabei auf die hydrologische Gliederung der Erde von Woeikof

(1885). Dabei legt er der Klimagliederung ausschließlich das Verhältnis von jährlichem Niederschlag, Verdunstung, Abfluss und Grundwasser zugrunde. A. Penck war der erste Wissenschaftler, der in seiner Klassifikation die Verdunstung als Klimaparameter verwendete.

Zunächst unterschied er humides (lateinisch: humidus = feucht), arides (lat.: aridus = trocken) und nivales (lat.: nivalis = schneeig) Klima und entwickelte daraus verschiedene  Zwischenstufen der Klimatypen Die Klimatypen definierte er wie folgt:

N: Niederschlag S: Schnee
V: Verdunstung A. Ablation

Humides Klima = N > V

- vollhumides Klima > 5 Monate
- semihumides Klima = 3-5 Monate

Arides Klima = N < potentielle V

- vollarides Klima > 5 Monate
- semiarides Klima = 3-5 Monate

Nivales Klima = Schnee > Ablation (Gletscher- und Schneeverdunstung)

- vollnivales Klima = ewiges Eis / Schnee
- seminivales Klima = 3-5 Monate

Schneegrenze = S = A

„Pencksche" Trockengrenze = N = V

PLV = potentielle Landverdunstung: maximal mögliche Verdunstung, die sich bei gegebenen meteorlogischen Bedingungen über einer Landfläche ergibt, wenn hier keine Begrenzung im Wassernachschub herrscht (DIN 4049) (Henning, 1994, S. 9)

Die Trockengrenze wird nach Penck also mit „Niederschlag = Verdunstung" festgelegt. Dies ist jedoch nicht ganz richtig. Die eigentliche Trockengrenze verläuft eher noch im humiden Bereich und zwar dort, „wo die ... Verdunstungskessel doppelt soviel anzeigen, wie die Umgebung verdunstet.“ Dies liegt daran, „dass die Verdunstung von Landschaftsräumen (PLV) stark vom ökophysiologischen Rhythmus des Pflanzenkleides und seinem ökologischem Umfeld abhängig ist (Boden, Art des Bewuchses, Albedo u.a.m.)“ .(Lauer, 1993, S. 200)

Bis heute hat man auf verschiedene Art und Weise versucht Humidität und Aridität mit Hilfe von Formeln und Indizes zu bestimmen. Einer der bekanntesten Wissenschaftler, der solch eine Formel entwickelt hat ist Martonne (1926).

IM = hygrothermischen Monatsindexes

rM = durchschnittliche Monatsniederschlagssumme (in mm)

tM = zur durchschnittlichen Monatsmitteltemperatur (in °C)

IM = 12rM/(tM + 10)

Humid: IM > 20

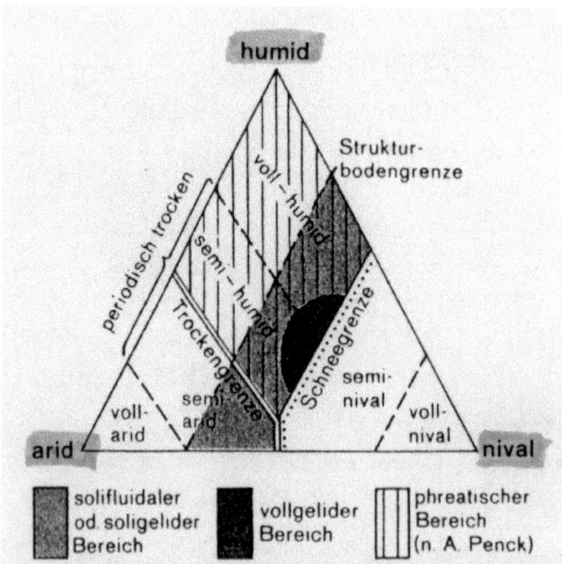


Abbildung 13: Die klimatischen Bereiche der Erde auf der Basis der Klassifikation von A. Penck (1910) in der Darstellung von C. Troll (1948), Lauer, 1993, S. 199

Tabelle2:

Schönwiese, Christian – Dietrich (2002): Klimatologie, 2. Auflage, UTB, Frankfurt am Main, S. 240

**Tab. 16 Vergleich einiger Klimaklassifikationen; Quelle: HEYER (1988), modifiziert.**

| FLOHN | Luftdruck u. Wind[*] So. Wi. | KUPFER | PENK | KÖPPEN-GEIGER | TROLL-PFAFFEN |
|---|---|---|---|---|---|
| Innere Tropenzone | T T | innertropische Klimate | Vollhumid | Af, Am | $V_{1,2}$ |
| Äußere Tropenzone (Randtropen) | T H | innertropische Klimate | Semihumid | Aw, Cw | $V_3$ |
| subtropische Trockenzone | H H | Passatklimate | Arid | BS, BW | $V_{4,5}$ |
| Subtropische Winterregenzone | H W | Subtropische Klimate | Semihumid | Cs | IV |
| Feucht-gemäßigte Zone | W W | Klimate der planetarischen Frontalzone | Humid | Cf, Cw | III |
| Boreale Zone | E W | Subpolares Klima | Subhumid | Df, Dw | II |
| Subpolare Zone | E W | Subpolares Klima | Polar | ET | I |
| Hochpolare Zone | E E | Polares Klima | Nival | EF | I |

So.: Sommer Wi.: Winter

T: Tiefdruck H: Hochdruck E: Ostwind W: Westwind

## 2.5 Ökologische Klimaklassifikation

### 2.5.1 Ökologische Klimaklassifikation nach W. Lauer / P. Frankenberg

Wilhelm Lauer und Peter Frankenberg entwickelten während der 80er Jahre eine ökoklimatische Gliederung der Erde. Diese zählt im weiteren Sinne zu den effektiven Klimaklassifikationen, da sie sich auch an den Auswirkungen des Klimas auf die Erde orientiert. Allerdings geschieht dies auf eine neue Art und Weise, die sich mit den bisherigen effektiven Klimaklassifikationen eher weniger vergleichen lässt. Ihre Absicht war „ nach dem Stand der bisherigen Erkenntnisse und der zu Verfügung stehenden Erkenntnisse ein einheitliches, quantitativ bestimmtes und qualitativ abgesichertes System der Klimate unter Berücksichtigung der grundlegenden Eigenheiten der Klimagebiete der Erde zu verwirklichen..“ (Lauer / Frankenberg, 1985, GR, H.7, S. 360)

Die Klimagliederung erfolgt bei Ihnen auf Grund ökologisch relevanter Klimaparameter, der Grundgrößen jeglichen Lebens auf der Erde, Strahlungs-, Wärme- und Wasserhaushalt. Das Grundkonzept ist die räumliche Darstellung der wechselseitigen Abhängigkeit des Klima – Boden – Systems.

Zunächst unterscheiden sie, nach Louis 1958, zwischen vier Bestrahlungszonen (solare Strahlungsgürtel):

- **A**: Tropen, zwischen den Wendekreisen
- **B**: Subtropen, durch den 45 Breitenkreis Trennung von B und C
- **C**: Mittelbreiten
- **D**: Polarzone, polwärts der Polarkreise

Abgrenzungskriterium bei diesen solaren Strahlungsgürteln sind die Schwankungen der Tageslänge (Tageslängenschwankung (TLS)). Die TLS „ergibt sich für die jeweilige Hemisphäre aus der Tageslänge zur Sommer – Sonnenwende und der Tagslänge zur Winter – Sonnenwende der ausgewählten Stichtage, auf die die Grenzlinien fixiert sind". (Lauer, 1993, S. 202)

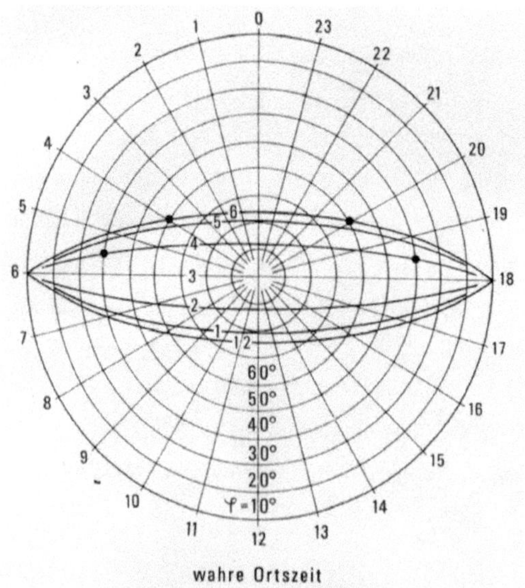


Abbildung 14: Lauer, 1993, S. 202, Diagramm der theoretischen täglichen Sonnenscheindauer

Die TLS liegt in den Tropen bei 3 Stunden (10,5 – 13,5 Std. Tageslänge), in den Subtropen, bei 35° bei 5, in den Mittelbreiten, bei 50°, bei 8 und in der Polarzone bei bis zu 24 Stunden.

Die vier Hauptklimazonen wurden von den beiden Wissenschaftlern jeweils in untergeordnete hygrothermische Klimatypen (Klimaregionen) unterteilt. Die Bestimmung erfolgt durch die ökophysiologisch entscheidenden Parameter des Pflanzenwachstums:

- die thermische Vegetationszeit (Isothermomenen) und
- die hygrische Vegetationszeit (Isohygromenen)

Aus der Andauer der Vegetationszeiten ergeben sich dann die jeweiligen Klimatypen.

Die thermische Vegetationszeit wird bestimmt durch die „Länge der temperaturbedingten Wachstumsperiode der Pflanzen, ausgedrückt durch die Anzahl der Monate (Isothermomenen).“ (Lauer, 1993, S. 204) Als Hauptwachstumsmonat gilt ein Monat wenn die Pflanzenwelt temperaturbedingt einen Stoffgewinn erzielt. Hier einige Beispiele für Temperatur – Schwellenwerte zur Ermittlung der Hauptwachstumszeit:

<u>Subtropen</u>
Subtropischer Regenwald: 12°C
Kulturland: 10°C
Hochgebirgsformationen: 6°C

<u>Mittelbreiten</u>
Laubwald: 5°C
Nadelwald: 10°C

<u>Polargebiete</u>
Flechtentundra: 3°C

Die Länge der thermischen Vegetationszeit kann zwischen 0 und 12 Monaten variieren:

0 – 2 Monate: sk, sehr kurze, oligotherme Vegetationszeit
3 – 4 Monate: k, kurze mikrotherme Vegetationszeit
5 – 6 Monate: m, mittlere, mesotherme Vegetationszeit
7 – 9 Monate: l, lange makrotherme Vegetationszeit
10 – 12 Monate: sl, sehr lange, megatherme Vegetationszeit

„Die hygrische Vegetationszeit wird über die Berechnung der monatlichen Wasserbilanz – unter Berücksichtigung des Verdunstungsverhaltens der realen Pflanzenwelt – ermittelt und durch die Anzahl der humiden Monate (Isohygromenen) definiert.“ (Lauer / Frankenberg, GR, H.7, 1985, S. 361) Lauer und Frankenberg verwendeten bei der Berechnung der Humidität nicht wie bei früheren Studien Niederschlag (N) >= potentiellen Verdunstung (pV), sondern bezeichneten den optimalen Wasserbrauch als optimale Landschaftsverdunstung (oLV), welche sie über ein Korrekturverfahren der pV herleiteten und die „notwendige Transpirationsleistung des Pflanzenbestandes zu maximaler Biomassenproduktion einschließlich der Interzeptions-, Boden und der reinen Wasserverdunstung“ ist. (Lauer / Frankenberg, GR, H.7, 1985, S. 361)

Die Länge der hygrische Vegetationszeit kann zwischen 0 und 12 Monaten variieren:

0 Monate: pa, perarid
1 – 2 Monate: a, arid
3 – 4 Monate: sa, semiarid
5 – 6 Monate: sh, subhumid
7 – 9 Monate: h, humid
10 – 12 Monate: ph, perhumid

Tabelle 3:

http://www.payer.de/entwicklung, Klimazonen und Klimatypen nach W. Lauer und P. Frankenberg

| Klimazonen | Klimatypen | | | | | | |
|---|---|---|---|---|---|---|---|
| | Dauer der thermischen Vegetationszeit in Monaten | Dauer der hygrischen Vegetationszeit in Monaten | | | | | |
| | | 0 Monate: perarid | 1-2 Monate: arid | 3-4 Monate: semiarid | 5-6 Monate: subhumid | 7-9 Monate: humid | 10 -12 Monate: perhumid |
| A = Tropen: jährliche Tageslängenschwankung unter 3 Stunden | weniger als 12 Monate: Kalttropen | | | | | | |
| | 12 Monate: Warmtropen | | | | | | |
| B = Subtropen: jährliche Tageslängenschwankung unter 7 Stunden | weniger als 4 Monate: mikrotherm | -0- | | | | | |
| | 5-6 Monate: mesotherm | | | | | | |
| | 7-9 Monate: makrotherm | | | | | | |
| | 10-12 Monate: megatherm | | | | | | |
| C = Mittelbreiten: jährliche Tageslängenschwankung unter 24 Stunden | 7 - 12 Monate: makrotherm | -0- | | | | | |
| | 5-6 Monate: mesotherm | -0- | | | | | |
| | 3-4 Monate: mikrotherm | -0- | | | | | |
| | 0-2 Monate: oligotherm | -0- | -0- | -0- | -0- | | |
| D = Polarregionen: jährliche Tageslängenschwankung 24 Stunden | 3-4 Monate: mikrotherm | -0- | -0- | -0- | -0- | | |
| | 0-2 Monate: oligotherm | -0- | -0- | -0- | | | |
| | 0 Monate: polares Eisklima | | | | | | |

(-0- = diese Kombination kommt nicht vor)

Eine weitere Unterteilung der Klimatypen kann durch eine Zusatzinformation in Form des Kontinentalitätsgrades erfolgen:

$\alpha$ = ozeanisch

$\beta$ = kontinental

$\gamma$ = hochkontinental

Der Vorteil dieser Klimaklassifikation besteht darin, dass alle Klimatypen einheitlich definiert sind, der Jahresgang des Klimas in jeder Region zum Ausdruck kommt und auch die Gebirgsklimate – jeher eine Problematik bei Klimaklassifikationen - durch die hygrothermische Einteilung berücksichtigt werden.

### 2.5.2 Ein didaktisch begründeter Klassifikationsversuch, das Baukastensystem von A. Siegmund / P. Frankenberg

Die von Alexander Siegmund und Peter Frankenberg Ende der 90er Jahre entwickelte neue Klimaklassifikation im Stil eines ‚Baukastensystem' versucht sowohl den fachdidaktischen Aspekten Rechnung zu tragen als auch den fachwissenschaftlichen Anforderungen zu genügen. Die Klassifikation baut sich durch variable Untergliederungsstufen auf und kann sich somit den Anforderungen hinsichtlich des Komplexitätsgrads der Klimaeinteilung an die jeweiligen Bedürfnisse des Anwenders anpassen.

Ausgangspunkt für sämtliche Klassifikationskriterien stellen die drei Klimaelemente Temperatur, Niederschlag und potentielle Landschaftsverdunstung dar, deren Monats- und Jahresdurchschnittswerte bzw. summen weltweit von einer großen Zahl Stationen zur Verfügung stehen. Durch den konsequenten Bezug auf diese Klimaelemente lässt sich jedes Klima zweifelsfrei einer bestimmten Klimazone und einem spezifischen Klimatyp zuordnen.

Grundlage der neuen Klimaklassifikation ist die Einteilung der irdischen Klimate in vier thermisch definierte Klimazonen auf der Basis der Jahresdurchschnittstemperatur ($T_D$). Mit ihrer Hilfe lassen sich folgende Zonen voneinander abgrenzen, die jeweils, wie bei Wladimir Köppen 1928, mit einem Buchstaben gekennzeichnet sind:

- **Tropen** (A): $T_D > 20°C$,
- **Subtropen** (C): $T_D$ 12° C ≤ 20°C,
- **Mittelbreiten** (D): $T_D$ 0° C ≤ 12°C und
- **Polare/Subpolare Zone** (E): $T_D \leq 0°C$.

Die Höhenklimate, seit jeher ein Problem in der Darstellung auf Klimakarten, werden ab der zweiten Ausbaustufe grafisch hervorgehoben. Basierend auf Lauer und Frankenberg (s.o.), die die Höhenklimate innerhalb der tropischen Zone als gesonderten Klimatyp der entsprechenden Tieflandklimate auswiesen, dehnt der neue Klassifikationsansatz diese Vorgehensweise auf alle Klimazonen aus. Um zu vergleichbaren Werten zu gelangen, wird die Höhenlage der Messstation berücksichtigt. Hierbei wird vereinfachend von einem einheitlichen vertikalen Temperaturgradienten von 0,5° C pro 100 m ausgegangen. Damit lässt sich die Jahresdurchschnittstemperatur mit Hilfe der Angabe zur Höhe einer Klimastation auf Meeresniveau reduzieren.

Bereits bei der Definition der Klimazonen kommt neben einem thermischen auch ein hygrisches Kriterium zum Tragen, das die Jahressumme des Niederschlags berücksichtigt. Hiermit lassen sich grob die Regionen der Erde abgrenzen, in denen ein permanenter oder periodischer Wassermangel den eigentlichen raumprägenden Klimafaktor darstellt. Diese Regionen, die durch eine jährliche Niederschlagsmenge von weniger als 300 mm definiert sind, werden als **Trockenklimate** von den übrigen Klimaten abgegrenzt und in der Klassifikation mit dem Buchstaben **B** bezeichnet. Ausgenommen sind die polaren- und subpolaren Kältewüsten, bei denen trotz der geringen Niederschläge vor allem die Temperatur den entscheidenden Faktor darstellt.

Die weitere Untergliederung der Klimate innerhalb der neuen Klassifikation bezieht den Wasserhaushalt als Kriterium mit ein. Den monatlichen Niederschlägen wird die entsprechende Summe der potentiellen Landschaftsverdunstung gegebenübergesetzt, die unter Berücksichtigung der freien Wasserflächen und einem Faktor für den jeweiligen Vegetations- und Landnutzungstyp berechnet wird. Durch die damit verbundene Einteilung in:

- **aride** (a) [0–2 humide Monate],
- **semiaride** (sa) [3-5 humide Monate],
- **semihumide** (sh) [6-9 humide Monate] und

- **humide** (h) [10-12 humide Monate] Klimatypen lassen sich die bisherigen Klimazonen in verschiedene Klimatypen untergliedern. Diese Humiditäts- bzw. Ariditätsklassen sind durch Kleinbuchstaben abgekürzt.

Auf der dritten Klassifikationsebene wird der thermische Kontinentalitätsgrad berücksichtigt, denn die zur Einteilung der Klimazonen herangezogenen Jahresdurchschnittstemperaturen verdecken die charakteristischen jahreszeitlichen Temperaturschwankungen und reichen so alleine nicht aus, um den Wärmehaushalt der verschiedenen Klimate zu charakterisieren und typisieren. Dieser Kontinentalitätsgrad basiert auf der einfach zu ermittelnden Jahresamplitude der monatlichen Durchschnittstemperaturen ($T_A$ ). Hiermit lassen sich im Rahmen der Klimaklassifikation folgende vier Kontinentalitäts- bzw. Maritimitätsgrade unterscheiden:

- **hochmaritim** (1): $T_A \leq 10°$ C,
- **maritim** (2) : $T_A$ 10° C ≤ 20° C,
- **kontinental** (3) : $T_A$ 20° C ≤ 40° C,
- **hochkontinental** (4) : $T_A$ > 40° C .

Die jeweilige Bezeichnung erfolgt mittels Zahlen.

Dieses Unterscheidungskriterium wird jedoch nur im Bereich der außertropischen Klimazonen angewandt, da innerhalb der Tropen die jährlichen Temperaturschwankungen zu gering sind, als dass sich mit Hilfe der Jahresamplitude der Temperatur eine sinnvolle Untergliederung erreichen ließe. Hier erfolgt lediglich eine Unterscheidung zwischen Kalt- und Warmtropen. Die jeweils mit der Schlüsselziffer 1 bzw. 2 gekennzeichnet werden.

Diese drei beschrieben Ebenen stellen das wesentliche Fundament des neuen Klassifikationsansatzes von Siegmund und Frankenberg dar. Mit ihrer Hilfe lassen sich die wichtigsten klimatischen und ökologischen Aspekte des irdischen Klimas quantitativ erfassen und klassifizieren. Durch das Zusammensetzen der Kennbuchstaben und -ziffern für die Klimazonen und die Klimatypen ergibt sich eine dreigliedrige Klimaformel. Weite Teile Europas liegen hierbei beispielsweise in einem

semihumiden, maritimen Klima der Mittelbreiten, das mit Hilfe der Klimaformel als Dsh2-Klima abgekürzt werden kann.
Diese Grundeinteilung lässt sich jedoch durch weitere Kriterien ergänzen. So kann beispielsweise der Jahresgang des Niederschlags mit Hilfe des Verhältnisses von Sommer- zu Winterniederschlägen charakterisiert werden.

Die auf Basis dieser Klassifikation erstellten Klimakarten dienen als Lehrmittel für die Sekundarstufe 1 in der Gliederungsebene 1 und in den weiteren Untergliederungen für die Sekundarstufe 2.

Tabelle 4:
Siegmund, Alexander / Frankenberg, Peter (1999): Klimatypen der Erde. In: Geographische Rundschau 1999, Band 51, Heft 9, S. 498

| **Klimazone** | **Wasserhaushalt** (Zahl der humiden Monate) | | | |
|---|---|---|---|---|
| | **a**<br>(arid)<br>0-2 | **sa**<br>(semiarid)<br>3-5 | **sh**<br>(semihumid)<br>6-9 | **h**<br>(humid)<br>10-12 |
| **A**<br>Tropen | Aa | Asa | Ash | Ah |
| **B**<br>Trockenklimate | Ba | Bsa | | |
| **C**<br>Subtropen | Ca | Csa | Csh | Ch |
| **D**<br>Mittelbreiten | Da | Dsa | Dsh | Dh |
| **E**<br>Subpolare / Polare Zone | | | Esh | Eh |

(Zusammenfassung des Artikels: Klimatypen der Erde, Geographische Rundschau, H. 9, 1999, S. 494 - 499)

## 2.6 Vorteile, Nachteile Verwendungen

Klimaklassifikationen finden je nach Typ und den entsprechenden Vor- und Nachteilen unterschiedliche Verwendungen. Auch die älteren, teils auf veraltetem Datenmaterial basierenden Klassifikationen, wie beispielsweise von Wladimir Köppen, finden bis heute in renommierten Weltatlanten Beachtung und Verwendung auf Grund ihrer guten Strukturierung und Nachvollziehbarkeit. Bei Hermann Flohn kommt hingegen besonders Die West- Ostküsten-Asymmetrie besonders gut zum Vorschein

Daher fällt es auch sehr schwer zu beurteilen, inwiefern eine Klimaklassifikation gut oder schlecht ist, da es immer auf die jeweiligen fachdidaktischen Aspekte und Verwendungen ankommt.

Tabelle 5:
eigener Entwurf

| | **Vorteile** | **Nachteile** |
|---|---|---|
| **Genetisch** | Asymmetrie zwischen West- und Ostküsten der Kontinente kommt klar zum Vorschein | Problem ist die kartographische Abgrenzung, schlecht definiert, kleine Maßstäbe |
| **Effektiv** | detailliert, gut durchstrukturiert, nachvollziehbar, Diercke Weltatlas, nützlich für Landwirtschaft | Probleme stellen die nicht mehr völlig natürliche Vegetation und Einordnung der Höhenklimate dar fehlende Wärme- und Wasserhaushaltbilanzierung zu sehen |
| **Ökologisch** | Klimatypen einheitlich definiert Jahresgang des Klimas kommt zum Ausdruck Gebirgsklimate werden durch hygrothermische Einteilung berücksichtigt | |

**Literaturverzeichnis**


Blij, H.J. / Muller, P.O. (1996): Physical Geography of the Global Environment, 2nd Edition

Blüthgen / Weischet (1980) : Allgemeine Klimageographie, 3 Auflage, de Gruyter Berlin, New York

Briggs, D. / Smithson, P. (1994): Fundamentals of Physical Geography

Haber, Heinz (1971): Unser Wetter, Deutsche Verlags – Anstalt GmbH, Stuttgart

Hendl, Manfred / Liedtke, Herbert (1997): Lehrbuch der Allgemeinen Physischen Geographie, Klett - Perthes

Henning, Ingrid (1994): Hydroklima und Klimavegetation der Kontinente. Münster (Münsterche Geographische Arbeiten, Heft 37, S. 9 – 12, 93)

Heyer (1988): Witterung und Klima, B.G. Teubner Verlagsgesellschaft

Hupfer, Peter (1991): Klimasystem der Erde, Diagnosen, Modellierung, Schwankungen und Wirkungen, Akademie Verlag GmbH, Berlin

Lauer, Wilhelm (1993): Das geographische Seminar, Klimatologie, Westermann, Braunschweig

Lauer, Wilhelm / Frankenberg, Peter (1986): Eine Karte der hygrothermischen Klimatypen von Europa. In: Erdkunde 1986, Band 40, Heft 2, S. 85 – 94

Lauer, Wilhelm / Frankenberg, Peter (1985): Versuch einer geoökologischen Klassifikation der Klimate. In Geographische Rundschau 1985, Band 37, Heft 7, S. 359 – 365

Liljequist, G.H. /  Cehak, K. (1990): Allgemeine Meteorologie, 3.Auflage

Schönwiese, Christian – Dietrich (2002): Klimatologie, 2. Auflage, UTB, Frankfurt am Main

Siegmund, Alexander / Frankenberg, Peter (1999): Klimatypen der Erde. In: Geographische Rundschau 1999, Band 51, Heft 9, S. 494 – 499

Weischet, W. (1995) : Einführung in die allgemeine Klimatologie, 6. Auflage, Teubner Verlag, Stuttgart

Zienert, Adolf (1981): Eindeutige Bezeichnung für Klimazonen. Aachen (Aachener Geographische Arbeiten, Heft 14, 1. Teil, S.81 – 89)

http://www.geographie.uni-muenchen.de

http://www.uni-regensburg.de

http://www.supplement.de/geographie [Gerhard Mercator Universität - GH – Duisburg]

http://www.payer.de/entwicklung

http://www.klimadiagramme.de/Frame/troll.html

# Anhang

## A.1 Begriffsbestimmung

Wetter

Der aktuelle Zustand der an einem geographischen Ort wirksamen Kombination der atmosphärischen Elemente und die sich dabei abspielenden Vorgänge in der Atmosphäre (Leser, 2001, S. 994)

Witterung

Zustand der Atmosphäre über einem bestimmten Ort während eines größeren Zeitintervalls (z.B. Monat oder Jahreszeit)

Klima

Das geographische Klima ist die für einen Ort, eine Landschaft oder einen größeren Raum typische Zusammenfassung der erdnahen und die Erdoberfläche beeinflussenden atmosphärischen Zustände und Witterungsvorgänge während eines längeren Zeitraumes (meistens 30 Jahre, Anm. des Verfassers) in charakteristischer Verteilung der häufigste, mittleren und extremen Werte (Blüthgen, 1964)

Klima kommt vom griechischen „klino“ und bedeutet „ich neige“. Damit ist die Neigung der Erdoberfläche gegen die einfallende Sonnenstrahlung gemeint. Je steiler der Neigungswinkel der Strahlung auf die Erde ist, desto wärmer sind Boden und Atmosphäre. Um 500 v. Chr. entwickelte Parmenides auf dieser Grundlage die erste Klimaklassifikation: „heißes Klima“ (geringe Zenitdistanz), „mäßig temperiertes Klima“ (mittlere Zenitdistanz) und „kaltes Klima“ (große Zenitdistanz)

Klimaelemente

Klimaelemente sind meteorlogische Größen, die einzeln sowie durch ihr Zusammenwirken das Klima in den verschiedenen Maßstabsbereichen kennzeichnen. (Hupfer, 1991, S. 40) s.u.

Klimafaktoren

Unter den Klimafaktoren versteht man Zustände oder Prozesse, die das Klima hinsichtlich seiner Genese, Erhaltung und Variabilität entscheidend beeinflussen. (Hupfer, 1991, S. 40) s.u.

Albedo

„der von einem Körper oder der Erdoberfläche reflektierte Anteil der einfallenden kurzwelligen Strahlung" (Leser, 2001, S. 24))

## A.2 Klimasystem

Die Wechselwirkungen folgender Subsysteme und der Gesamtheit ihrer Beziehungen haben Anteil am Klimasystem der Erde.

- Atmosphäre (Gashülle der Erde)
- Hydrosphäre (Wasserhülle der Erde, Ozeane, Grundwasser, etc.)
- Kryosphäre (Chionosphäre, Eis- und Schneeflächen)
- Lithosphäre (Gestein)
- Pedosphäre (Boden)
- Biosphäre (Lebewelt)
- Anthroposphäre (menschliche Tätigkeit im Raum)

Die Energiequelle des Klimas, der alle Prozesse in Gang setzt, ist die Sonne.

Das Zusammenwirken von allen Klimaelementen (messbare Einzelerscheinungen) und Klimafaktoren (Eigenschaften des Raumes) wird als Klimasystem bezeichnet.

Zu den Klimaelementen gehören:

- Strahlung / Sonnenscheindauer
- Luftdruck
- Luftfeuchtigkeit
- Temperatur
- Windgeschwindigkeit/ -stärke
- Verdunstung
- Niederschlag
- Bewölkung

Zu den Klimafaktoren gehören:
(einige Klimaelemente haben Funktion wie Klimafaktoren)

- Gravitation der Himmelskörper
- Gestalt der Erde, ihre Rotation
- Geographische Breite
- Sonnenstrahlung
- Kosmische Materie
- Atmosphärische Bestandteile
- Vegetation
- Boden
- Höhenlage
- Verteilung Land-Meer
- Ozean
- Anthropogene Einflüsse

### A.3 Allgemeine Klimatypen

Neben den speziellen Klimatypen, die im Wesentlichen durch die Lage im Zirkulationssystem (s. u. atmosphärische Zirkulation, Anm. des Verfassers) und das entsprechende Verhalten mehrerer Klimaelemente charakterisiert sind, gibt es Klimatypen allgemeineren Charakters.

Maritimität - Kontinentalität

Maritim-kontinental kennzeichnet den Einfluss der Wasser- bzw. Landmassen auf das Klima. Bei gleicher Strahlung erwärmt sich Wasser bedeutend langsamer als Erdmassen, gibt diese Wärme aber langsamer wieder ab. Für einen Erwärmung um 1°C benötigt Wasser in etwa die doppelte Strahlungsenergie. Ergebnis dieser Eigenschaften ist eine im Vergleich zu Kontinenten geringe Temperaturamplitude. Tagsüber kühlt das Wasser die Umgebung, und nachts gibt es langsam seine Wärme wieder ab. Dadurch kommt es außerdem zu einem Zeitversatz der Maxima-Minima Temperatur. Erst gegen Nachmittag wird die höchste Temperatur erreicht. Von einem solchen "milden" Klima sind vor allen Dingen Inseln und Küstenbereiche betroffen.

Der Einfluss hängt allerdings von Windrichtung und Windstärke ab. In den mittleren Breiten z.B. wehen zumeist Westwinde. Am Klima der westeuropäischen Länder ist der Einfluss des Ozeans deutlich zu sehen. Die Küsten von Irland bis Portugal sind für ihr mildes Klima bekannt. Ganz anders zeigt sich da Wladiwostok. Der Hafen, Endstation der transsibirischen Eisenbahn, wird im Winter mit Eisbrechern befahrbar gehalten. Der Westwind dieser Regionen kommt vom russischen Festland. Das Klima ist auch am Meer eher kontinental.

Abbildung15+16:Westseitenklima, Ostseitenklima, http://www.supplement.de/geographie, 43°3'N: Während sich in Spanien im Winter noch einige deutsche Touristen im Meer tummeln (Westseitenklima), wird in Wladiwostok der Hafen mit Eisbrechern freigehalten (Ostseitenklima).

Aridität - Humidität

(siehe: 3.4.3. effektive Klimaklassifikation nach A. Penck)